基礎からわかる

海洋気象

堀 晶彦［著］

成山堂書店

洋上の気象現象

フィリピン沖から見た発達する雄大積雲

ボスポラス海峡の夕日と高積雲

海洋上の積乱雲とスコール

海洋上に発生した竜巻

霧中で仮泊する練習船

海洋上に見える前線

洋上で発達した台風の目

台風によって発生した高潮

は　し　が　き

　本書は、四級海技士（航海）から三級海技士（航海）を目指す人たちの教材として、気象の基礎知識を平易な言葉で解説し、わかりやすい海洋気象の入門書としての性格を持つことを目的として執筆したものである。

　第2章において、気象要素の解説を一つの章にまとめることにより、それらの関連性を理解しやすくするとともに、その後の章における様々な気象現象とのつながりを明確に理解できるような構成を考え記述した。また、難しい計算式などは極力排除することにより、気象に対する抵抗感を無くしてもらうような解説に心がけた。さらに、各章の中に様々な気象に関係するトピックを挿入することにより、より気象を身近に考えられるような内容とし、楽しく学べるように心がけた。高層天気図、FAX図、気象衛星画像などは付録として巻末にまとめて記載することにより、それぞれの関連性を理解するとともに、内容を整理し学習しやすい構成を心がけた。

　さらに本書では、新しい試みとして巻末の付録における高層天気図等の掲載箇所に、必要に応じてスマートフォンなどを使用して最新の情報を得るために気象庁HPのQRコードを添付し、インターネット環境を利用した新しい学習方法を取り入れた。

　本書の執筆に関しては、在職中に多くのご指導いただいた海技大学校名誉教授福地章先生に感謝申し上げるとともに、出版に向けてひとかたならぬお世話になった成山堂書店の皆様に、謹んで深甚の謝意を申し上げる。また参考にさせていただいた多くの書物の著者の方々、及びHPからデータを利用させていただいた気象庁にも、感謝の意を表するものである。

　2020年1月

著　者

目　　次

第1章

地球には大気がある

1.1　見えない大気の中身

　地球を取り巻いている気体をひとまとめにして大気と呼ぶ。この大気が存在する範囲を気圏と呼び、地表から 1,000km 以上の高度まで広がっている。大気を構成する空気は気体であるから、容易に押し縮められ、総重量の 90% は高度約 30km 以下に、また 50% が高度 5 km 以下に存在することになる。我々が日常で体験する気象現象は、そのほとんどが高度約 12km 以下にある対流圏と呼ばれる範囲で発生している。地球の半径が約 6,400km であるから、地球全体から見ると、非常に狭い範囲で起こっている現象であることがよくわかる。

> トピック　地球とリンゴ
> 直径 10 センチの丸いリンゴを想定します。地球の直径は 12,800km で大気圏が 12km とすれば、気象現象が起こっている対流圏の地球の直径に対する割合は、
> 　　　　12km ÷ 12,800km ≒ 0.001%になります。
> 想定したリンゴを地球と仮定すると、10cm × 0.001 = 0.01cm = 0.1mm
> つまり、10 センチのリンゴの 0.1mm の皮の部分程度で気象現象が起こっていることになります。イメージできましたか？

⑴　大気の組成

　大気は、多くの気体分子で構成されていて、乾燥空気と呼ぶ。乾燥空気の主な成分は、窒素（N_2）、酸素（O_2）、アルゴン（Ar）、二酸化炭素（CO_2）、その他となるが、表 1.1 に示すように、窒素と酸素で、全体の 99% を占めている。

　これらの気体は生物にとっては不可欠なものだが、気象現象に直接関係があるのは、それとは別に空気に含まれている水蒸気（H_2O）と空気中に浮遊している浮遊物である。

表1.1　乾燥空気の組成

成　　　　　分	分　子　量	容 積 百 分 率（%）
窒　　　　　素　N_2	29.01	78.084
酸　　　　　素　O_2	32.00	20.946
ア ル ゴ ン　Ar	39.94	0.934
二 酸 化 炭 素　CO_2	44.01	0.033
そ　　の　　他	—	0.003
乾　燥　空　気	28.97	100
水　蒸　気　H_2O	18.02	0～4

(2)　水蒸気

　大気には乾燥空気だけという場合はほとんどなく、必ずいくらかの水蒸気が含まれている。この水蒸気の量は時と場所によって変わるが、容積比にして4％程度である。窒素や酸素と比べれば非常に少ないが、我々が経験する気象現象は、この水蒸気が中心になって起こっているといってもよいほど、重要な役割をする。気象要素で述べる、雲・降水、雪・ひょうは、もとを辿れば水蒸気であり、前線、低気圧や台風といった規模の大きな気象現象にも、水蒸気が大きな役割を果たしている。

　地球表面の3/4をしめる海洋を中心に、地表面からの蒸発によって、大気中には常に水蒸気が補給され、その水蒸気が上空で冷やされて凝結した雲から、雨や雪となって、再び帰ってくる循環が繰り返される。

　水蒸気の量は、地上6kmまでに大半が占められ、それより上空になると極微量しか存在しないが、雲の高さ（2.5.2 雲の分類参照）を考えると、よく理解できる。

(3)　浮遊物

　大気中には、乾燥空気、水蒸気の他に、個体や液体の浮遊物が混合している。この浮遊物には、海塩（海水の飛沫からできた塩分）、砂塵（巻き上げられた砂）、煤煙（炎から出る煤）、噴煙（火山の爆発による細かい粒）などがあり、この浮遊物を中心に、水蒸気（気体）が凝結（液体に変化）する。つまり、気象的には非常に重要な役割をしていることになる。

1.2 大気の熱収支

　大気現象のエネルギー源は、地熱等によるものはごくわずかで、ほとんどが太陽放射によるものである。大気の上限において測定された太陽放射のエネルギーは、地球と太陽の距離によって多少変動するが、平均的に太陽光線に直角な $1\,cm^2$ の面積で、1 分間あたり 1.96 カロリー（あるいは $1.37\mathrm{kW/m^2}$）であり、これを太陽定数と呼んでいる。

　この太陽放射は、地球放射（長波放射または赤外放射ともいう）に対して短波放射とも呼ばれるが、地球に到達したあと図 1.1 に示すように配分されている。大気上限に達したエネルギーの内、30％は宇宙空間に反射され、直接大気および雲に吸収されるものは 20％で、残りの 50％が地表面に到達している。

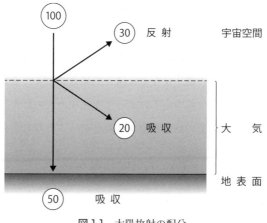

図1.1　太陽放射の配分

　太陽放射のエネルギーを吸収した地表面と大気は、赤外放射・水蒸気の潜熱・伝導などの形で相互に熱のやりとりを行い、最終的に吸収した量に等しいエネルギーを宇宙空間へ戻すことにより、地球全体として、熱平衡を保っている。

　しかし、太陽放射による受熱量は、季節的・地理的に大きく異なり、地球表面で一様となってはいない。特に緯度による変化は顕著であり、低緯度では受熱量が大きく、高緯度では小さい。これは図 1.2 で示すように、高緯度では低

緯度に比較して同一の放射熱に対してそれを受け取る面積が広いこと、太陽光線の入射角が浅く、また地表面が雪氷等で覆われている部分が多いことなどが原因となっている。

　この受熱量の差により、低緯度から高緯度へエネルギーが輸送されるが、これが大気現象の根本的な原動力になっている（第 4 章　大気は動いている参照）。

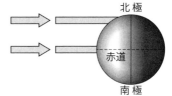

図 1.2　緯度による受熱量の相違

　また、大気の熱源が地表面であるということは、さまざまな現象に関連している。あとで述べるように、対流圏では上空に行くにつれて気温が下がっているが、これは地表面から上方へ熱が伝わっていく結果である。1 日の最高気温が日射の最大時（太陽の正中時）よりも遅れて現れる現象も、地表面の加熱と関連している（2.3　気温参照）。

　なお、地球表面からの放射は、夜間の放射冷却としてよく知られており、海陸風のメカニズムや、霧の発生になどに深く関係している。また、雲頂（雲の最上部）表面からの反射は雲の高さによって変化するために、地表面からの放射とともに観測され、大気の状態を表す重要なデータとなっている。

1.3　大気の仕組み

　地球の大気を、気温の状態によって分類すると、次のように分けられる。

⑴　対流圏

　大気の最も低い層で、気温が上空に行くにしたがって下がっていく範囲を対流圏という。この気温が下がっていく割合を気温減率といい、平均すると 0.65℃/100m となる。ここでは名前の通り「対流」（空気の上下の動き）が生じ、雲・降水といった気象現象はこの層内で起こっている。その高さは緯度によって異なり、赤道付近で 17km、極付近で 9 km、日本では季節によって変わり、夏は 15km、冬は 9 km（平均すると 12km）になる。この対流圏の上限を対流圏界面（単に圏界面）と呼ぶ。

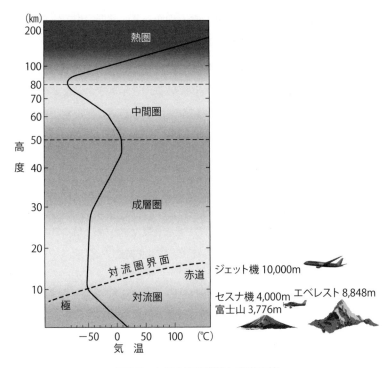

図1.3 大気の鉛直構造と高度比較

(2) 成層圏

　圏界面から高度50km までの気層で、気温が上空に行っても、等しいかわずかに上がっている範囲を成層圏という。ここでは、対流は起こらず、層流（空気の横方向の動き）がほとんどであり、雲はほとんど見られない。

(3) 中間圏・熱圏・外圏

　50km を過ぎると、再度気温が上空に行くにしたがって下がっていき、80km あたりまでの範囲を中間圏という。80km を過ぎると、再び温度は上昇し、600km 程度までの範囲を熱圏という。この層は電波を反射する性質を持ち、極域で見えるオーロラを発生させる。600km 以上の層を外圏と呼び、大気はますます希薄になり宇宙空間に移行していく。

　以上のように、温度分布に着目した分類がよく用いられるが、このほかにも、

物質の濃度や状態にもとづいて区分したものがあり、熱圏の中で電波を反射する層のことを電離層、また成層圏に約 90％存在する酸素原子 3 個からなるオゾンの多い層をオゾン層という。この成層圏のオゾン層は、太陽からの有害な紫外線を吸収し、地上の生態系を保護している。近年エアコンなどの冷媒に使用されていたフロンガスがこのオゾン層を破壊するために、現在では代替フロンが使用されている。

トピック　人工衛星あれこれ

衛星高度と衛星の速力および周期はどのようになっているのでしょうか

人工衛星の速度を計算してみましょう。

人工衛星の速度は、地表からの衛星の高度によって異なります。地表からＨ(km)の高さの所をまわっている円軌道の場合、その速度 V(km/ 秒) はつぎの式で計算することができます。

$V = (398,600/(6,378+H(km)))^{1/2}$

ここで、398,600(km³/ 秒²) は地球の重力についての定数、6,378(km) は地球の赤道半径。

宇宙ステーション

$= (398,600/(6,378+400))^{1/2}$

$= 7.67km/sec = 27,612km/h$

極軌道衛星

$= (398,600/(6,378+800))^{1/2}$

$= 7.45km/sec = 26,820km/h$

ひまわり

$= (398,600/(6,378+35,786))^{1/2}$

$= 3.07km/sec = 11,052km/h$

　次に人工衛星の周期 (地球の上空を 1 周する時間) を計算してみます。

$2π (6,378+H)$ はこの軌道の円周になり、これを人工衛星のスピードで割れば周期 Ｔ (秒) が計算できます。

宇宙ステーション

$= 2π (6,378+400)km/7.67$

$= 5,549.65sec = 1h32m30s$

極軌道衛星

$= 2π (6,378+800)km/7.45$

$= 6,050.71sec = 1h40m51s$

ひまわり

$= 2π (6,378+35,786)km/3.07$

静止衛星

気象衛星ひまわり 8 号

35,786km

極軌道衛星800km

宇宙ステーション400km

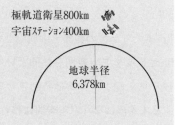

地球半径

6,378km

　= 86,434.89sec = 24h0m35s

ひまわりは地球の自転周期とほぼ同じですので、相対的に静止していることになります。

出典：JAXA ホームページ

演習問題

1．乾燥空気の主要成分とその割合はどのようになっているか。

2．水蒸気が大気現象におよぼす影響について述べよ。

3．地球に到達した太陽放射のエネルギーの分配について述べよ。

4．対流圏の位置、高度、起こっている現象について説明せよ。

第 2 章

気象をつくりだす要素

　われわれが、気象の観測や、報告をするに当たって、基本となるものは 6 つの要素であり、気圧、風（風向と風速）、気温、湿度、雲（雲量と雲形）、降水、であるが、海上ではこれに視程を加えて、気象の 7 要素という。

　この章では、それぞれについて見ていくことと、最後に視程に影響をおよぼす霧について述べることにする。

2.1　気　　圧

2.1.1　気圧とは

　気圧とは静止している大気のおよぼす圧力で、われわれの上に存在する空気の重さである。それを表すために、1 cm² を単位面積として、それにかかる重さを測ることにより、気圧が測定できることになる。これを初めて明らかにしたのは、トリチェリーというイタリアの科学者で、水銀を満たした 1 cm² の断面積のガラス管を使用して測定したのは、あまりにも有名である。

　この測定方法で、水銀柱を 760mm 押し上げる気圧を 1 気圧とし、1 気圧 ＝ 760mmHg と表した。しかし、mm は長さの単位で、気圧を表すのに不適当だということで、圧力の単位である Pa を用いることにし、1 気圧 ＝ 1013.25hPa（ヘクトパスカル）で表すことになった。

トピック　トリチェリーの実験

トリチェリーはどのように気圧を測定したのでしょうか。

まずは、長さ約1m、断面積が1cm² の一端が閉じ反対側が開いたガラス管に水銀を満たします。そして水銀をいれた大きな器の中に、そのガラス管の開いた方を下にして差し込みます。すると、水銀は自分の重さで下がりますが、器の水銀面から約76cm の高さで止まることがわかりました。このことは、空気の押す力、すなわち気圧と水銀76cm の重さがつり合ったことになります。

質量＝密度×体積

で計算できますから、この水銀柱の質量は、水銀の密度 13.5951（g/cm³）より

質量＝【13.5951（g/cm³）】

×

【76cm × 1cm³】

≒ 1,033g ≒ 1 kg

つまり、気圧はこれだけの水銀を押し上げる力があることを測定したのです。

そこで、1cm² に働く力は、水銀柱を760mm 押し上げる力ということで、

1 気圧 = 760mmHg になります。

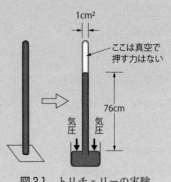

図2.1　トリチェリーの実験

2.1.2　気圧の時間的変化

気圧は天気の変化（高気圧や低気圧の通過）によって絶えず不規則に変化しているように思えるが、長い間の資料を平均すると、規則的な変化があることがわかる。

(1)　気圧の日変化

気圧は1日で規則的に変化する。図2.2 に示すように、午前3時と午後3時に気圧の極小値（谷）が見られ、午前9時と午後9時に気圧の極大値（山）が見られる。

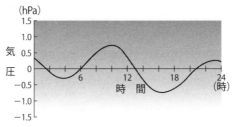

図2.2　気圧の日変化

この極大値と極小値の差を「気圧の日較差」という。日較差の大きさは低緯度3～4 hPa、中緯度（神戸）で1～2 hPa、高緯度で0.3～0.4hPa であり、低緯度で大きいことがわかる。

⑵　気圧の年変化

気圧は一年間で規則的に変化し、これを気圧の年変化という。年変化は地域によって大分異なるが、基本的に夏季に極小（谷）が、冬季に極大（山）が見られる。極小値と極大値の差を「気圧の年較差」といい、海洋型と内陸型に分けられる。海洋型の代表であるハワイのホノルルでは、4月に極大、10月に極小となるが、その較差はわずかに2 hPa 程度であるのに対し、内陸型の代表であるロシアのイルクーツクでは、2月に極大、7月に極小となり、その較差は 26hPa にもなる。

日本における年変化として、神戸では、12月に極大、7月に極小となり、その較差は 12hPa 程である。

2.1.3　気圧の空間的分布

⑴　気圧の鉛直方向の分布

気圧は上に存在する空気の重さであるから、高いところに行けばその空気は減り、したがって空気の重さが減れば、気圧は下がることになる。その減少の割合は下層ほど大きくなり、例えば5 km の高さでは地上の約半分、15km では 1/10 位の値になる。

このように測定する場所の高さによって値が変わるために、異なった場所（高度）で測定した気圧を比較するためには、同じ高さの値に合わせる必要があり、気圧は海面上の値を基準として表すことになっている。測定した気圧の値を海面上の気圧の値に直すことを海面更正という。

⑵　気圧の水平方向の分布

ある時刻における気圧の等しい地点を結んだ線を等圧線といい、地上天気図（第8章　8.1 天気図の種類　参照）において、地上気圧の分布はこの線を用いて表わされている。また、高層天気図（8.1　天気図の種類　参照）のように、

大気を立体的に表す場合には、等圧面の高低の分布状態を、等高線を用いて表す。

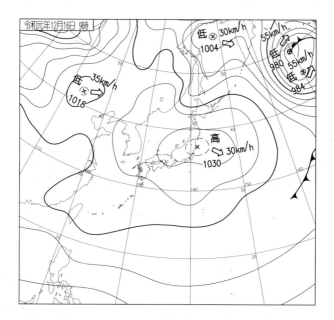

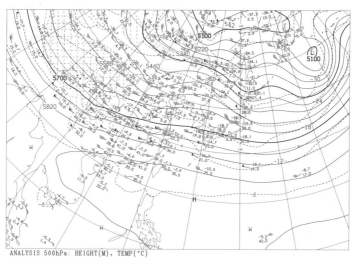

ANALYSIS 500hPa: HEIGHT(M), TEMP(°C)

図 2.3　地上天気図と 500hPa 高層天気図（気象庁ホームページより）

　等圧線に直角な方向に、単位距離あたりで気圧が変化する割合は、気圧傾度と呼び、風速の大きさに関係する重要な量である（3.2 風に働く力参照）。

　等圧線の描かれた地上天気図を見ると、高気圧・低気圧などのじょう乱が、発達や衰弱をくり返しながら移動しており、天気図は複雑な様相を呈しながら変化している。

2.1.4　気圧の測定

(1)　アネロイド気圧計

　気圧の測定によく用いられている気圧計として、「アネロイド気圧計」がある。これは、図 2.4 に示すように、薄い金属板でできた密閉容器の中を真空にし、つぶれないようにバネで支えたもので、外部から作用する気圧によって生ずる圧縮や膨張の変位を拡大して検出する測定器である。

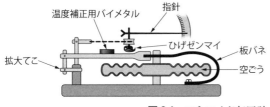

図 2.4　アネロイド気圧計

船舶においてアネロイド気圧計を備え付ける場合、以下に注意する。

①　直射日光が当たらず、温度変化の少ない場所

②　振動、衝撃の少ない場所

③　風のあたらない場所（風圧力の影響のない場所）

④　水平または垂直の指定された姿勢

測定の際の注意

①　ガラス面を指でたたく（指針が固着していないことの確認）

②　目盛板に対して目と指針を垂直にする

③　1/10 ヘクトパスカルの位まで正確に読み取る

④　他の観測項目に優先して各観測毎正時に読み取る

⑤　読み取った値に器差があれば修正を施す

⑥　海面更正を行い、海面上の気圧の値に修正する

（正しい気圧）＝（読みとり値）±（器差補正）＋（海面更生）

トピック　晴雨計
気圧の変化が天気と密接な関係があることから、気圧計のことを、このように呼んでいました。古いアネロイド気圧計を見ると、その表示板の目盛と一緒に

～　970hPa	付近	Stormy	嵐
970～1,000hPa	付近	Rain	雨
1,000～1,020hPa	付近	Change	雨から晴れへの変化
1,020～1,040hPa	付近	Fair	晴天
1,040～	付近	Very dry	非常に乾燥

といった天気概要が記入されていました。

(2)　その他の気圧計

①　自記気圧計

原理はアネロイド気圧計と同じで、空盒をいくつか重ねたベローズ（蛇腹）の変化をてこ装置で拡大伝達し、円筒状の自記紙にペンで記録する。

円筒が時計仕掛けで回転するから、気圧を連続的に記録可能であり、1週間の状態を一目で見ることができ、天気の経過や台風の接近・通過を見る上で大変役立つ。

②　水銀気圧計

トリチェリの理論を応用した、非常に精度が高い気圧計である。振動が少なく、温度変化の少ない部屋に備え付ける必要があり、取り扱いもやや煩雑である。アネロイド気圧計と同様に海面更正が必要であり、加えて温度補正と重力補正の必要がある。

上部拡大

測定
目盛

温度計

象牙針を水銀面に

下部拡大

図2.5　自記気圧計・水銀気圧計

2.2　風

2.2.1　風とは

運動している空気を風といい、一般には水平方向の流れを指すことが多い。（垂直方向の流れは対流と呼ぶ）。高度が高くなるにつれ、地表面の摩擦力が少なくなり、風が強くなるので、風を観測する場合には10mの高さを基準とする。風は「風向」と「風速」または「風力」であらわされる。

(1)　風　　向

風向とは、風の吹いてくる方向を指し、一般に16方位に分けて観測する。北風といえば北から吹いてくる風のことである。

> 注）潮流や海流の流向は、風と反対に流れ去る方向であらわされる。北流とは海流が南から北に流れて行くことである。

(2)　風　　速

風の速さで、m/s（毎秒メートル）またはkt（ノット）であらわす。

① 風速：普通に風速といえば平均風速のことで、10分間の平均値である

② 瞬間風速：風は常に強弱をくり返しているが、ある時間の瞬間的に示した風速をいう

③ 最大風速：ある観測時間中の平均風速の最大のものをいう

④ 最大瞬間風速：ある観測時間中の瞬間風速の最大のものをいう

トピック　最大風速と最大瞬間風速の関係
最大風速は平均値の最大ですから、最大瞬間風速の方が大きいことは理解できますね。この2つの風速の関係は、

最大瞬間風速 ≒ 1.5 × 最大風速

となります。ただし、最大風速が20m/s以上となると、その比は1.2～1.3に修正します。したがって、台風が近づいてきて、最大風速は30m/sといった場合には、瞬間的に36m/s～39m/sの風に注意する必要があります。

(3) 風　　力

海上では風速のかわりに風力を使うことが多い。そのときに使うのが「ビューフォート風力階級」である。日本では「気象庁風力階級表（ビューフォート風力階級表）」として定められていて、この表を用いれば、風速がわからない場合には波の状態から、風速計で風速が求められた場合にはその求めた風速から、風力を求めることができる。

表2.1　気象庁風力階級表（ビューフォート風力階級表）

風力階級	英　語　名	風　速		海　面　の　状　態	参　考波　高 m
		knot	m/s		
0	Calm	1未満	0～0.2	鏡のような海面	—
1	Light air	1～3	0.3～1.5	うろこのようなさざ波ができるが波頭に泡はない。	0.1
2	Light breeze	4～6	1.6～3.3	小波の小さいもので、まだ短いがはっきりしてくる。波頭はなめらかに見え、砕けてはいない。	0.2
3	Gentle breeze	7～10	3.4～5.4	小波の大きいもの、波頭が砕けはじめる。泡はガラスのように見える。ところどころ白波が現れることがある。	0.6
4	Moderate breeze	11～16	5.5～7.9	波の小さいもので長くなる。白波がかなり多くなる。	1.0

5	Fresh breeze	17〜21	8.0〜10.7	波の中くらいなもので、いっそうはっきりして長くなる。白波がたくさん現れる（しぶきを生ずることもある）。	2.0
6	Strong breeze	22〜27	10.8〜13.8	波の大きいものができはじめる。いたるところで白く泡立った波頭の範囲がいっそう広くなる。（しぶきを生ずることが多い）	3.0
7	Near gale	28〜33	13.9〜17.1	波はますます大きくなり、波頭が砕けてできた白い泡は、すじを引いて風下に吹き流されはじめる。	4.0
8	Gale	34〜40	17.2〜20.7	大波のやや小さいもので、長さが長くなる。波頭の端は砕けて水けむりとなりはじめる。泡は明瞭なすじを引いて風下に流される。	5.5
9	Strong gale	41〜47	20.8〜24.4	大波。泡は濃いすじを引いて風下に吹き流される。波頭はのめり、くずれ落ち逆巻きはじめる。しぶきのため視程がそこなわれることもある。	7.0
10	Storm	48〜55	24.5〜28.4	波頭がのしかかるような非常に高い大波。大きなかたまりとなった泡は、濃い白色のすじを引いて風下に吹き流される。海面は全体として白く見える。波のくずれ方は激しく衝撃的になる。視程はそこなわれる。	9.0
11	Violent storm	56〜63	28.5〜32.6	山のように高い大波（中小船舶は一時波の陰に見えなくなることもある）。海面は風下に吹き流された長い白色の泡のかたまりで完全におおわれる。いたるところで波頭の端が吹きとばされて水けむりとなる。視程はそこなわれる。	11.5
12	Hurricane	64 以上	32.7 以上	大気は泡としぶきが充満する。海面は吹きとぶしぶきのため完全に白くなる。視程は著しくそこなわれる。	14 以上

2.2.2 風の観測

（1）測器による観測

　船では主に、マスト上部に取り付けられた、風車型風向風速計（コーシンベー

ン、エアロベーン）を使用して観測し、船橋内の風向・風速指示器に送られた
それぞれの値を読み取る。

　観測上の注意事項

　①　風向は、約1分間観測して、その平均をとる

　②　風速は、10分間の平均であるが、記録計のな
　　い場合は、指針のふれの最大値と最小値を除い
　　て、ほぼ一定したところの平均値をとる

　③　指示器で観測した値は、船が動いている場合
　　は相対風向・風速であるから、これを真風向・
　　風速に直す必要がある

(2)　目視による観測

　風向風速計がない場合には、目視によって観測す
る。

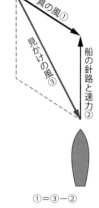

図2.6　真風向・風速算出
のための、ベクトル図

風向については、以下の通りである。

　①　風浪の進んでくる方向が風の吹いてくる方向であるから、その方向を
　　16方位で観測する

　②　船側に近い風浪は、自船のつくる波の影響で乱されるから、ある程度離
　　れたところを観測する

　③　風浪の方向をコンパスに移して風向を決める

　風力観測については、海面の状態から、「気象庁風力階級表（ビューフォー
ト風力階級表)」を用いて決定する。

　注意事項としては、

　①　風向が急変した場合、以前の波が残っていることがあること

　②　陸岸等の影響で、必ずしも海面状態と風速は一致しないことがあること

　③　風速の変化に海面状態がすぐに従わないこと

　④　海潮流と反対の風により、波が大きくなること

が考えられる。

2.2.3　風の息と突風

　風は一定に吹き続けるものではなく、常に強弱をくり返している。これを風の息という。そしてこの風の息が激しい場合、すなわち急に強い風が吹く場合を突風という。

　海上では、冬期冷たい空気の塊が海上に出て、海面で加熱されて突風が吹く場合があり、これを寒気突風という。また、温帯低気圧の暖気内で発生するスコールライン（6.1 温帯低気圧で詳説する）による突風を、暖気突風という。

　さらに、大規模な積乱雲に伴う突風・しゅう雨をスコールという。

　　注）スコールというと熱帯地方特有の現象のように思われがちだが、中緯度地方でも起こり、
　　　　必ずしも降雨がなくてもよい。

2.3　気　　温

2.3.1　気温とは

　空気の温度のことで、1.3 大気の仕組みで述べたように、高さによって変化する。このため、測定するときの約束事として、その地を代表する温度として、地上約 1.2m～1.5m の気温を測定する。これは、人間が立ったときの顔の高さで、呼吸している空気の温度である。

　気温を表す単位は、摂氏（℃）が用いられる。

> **トピック　摂氏と華氏**
> 気温の単位は摂氏（℃）が使われています。この単位は、1 気圧の下で、水の融点を 0℃、沸点を 100℃とし、その間を 100 等分して表すものです。
> もう 1 つの単位として華氏（°F）があります。この単位は、1 気圧の下で、水の融点を 32（°F）、沸点を 212（°F）とし、その間を 180 当分して表す単位です。
> 現在では、ほとんどの国では摂氏が使用されていますが、アメリカ合衆国、ジャマイカでは、メートル法への置き換えが生産者側・消費者側の両方で大きな抵抗に遭っているため、華氏はさまざまな分野で広く使われ続けています。
> 華氏を摂氏に変換するためには、次の式を使用します。
> 　　　C ＝　5/9（F － 32）
> ハワイで天気予報を見たときに、「本日の気温は 86 度」と聞いても驚かないでください。
> これは華氏ですから、上式に代入すれば、
> 　C ＝ 5/9（86 － 32）＝ 30℃　となります。

2.3.2 気温の変化

(1) 気温の日変化

気温の１日の変化は、図 2.7 に示すように、日出時前後に最低気温、午後２時前後に最高気温が観測される。太陽が正中する 12 時（正午）付近が、太陽からの熱を最も受けている時間であるが、地表面の暖まり方が多少遅れることにより、空気の暖まり方が遅れることに起因するものである。

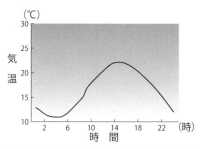

図 2.7 神戸における気温の日変化（５月）

１日の最高・最低気温の差を日較差と呼ぶが、その大きさは以下の要因によって左右される。

 a）緯度：一般に中緯度では緯度が低いほど大きくなる

 b）内陸・海洋：内陸では大きく、海洋上では小さい

 c）季節：中緯度においては、一般に夏に小さく、春秋には大きい

 d）天気：晴れた日には大きく、曇りや雨の日は小さい

 e）高度：高度が高くなるにつれ、小さくなる

(2) 気温の年変化

気温の一年の変化は、一般的に低緯度では小さく、中緯度から高緯度にかけて大きくなり、北半球で考えれば、１年の最低気温は１月下旬〜２月上旬、最高気温は７月下旬〜８月上旬頃になる。昼間の長さの最も長い（太陽の高度が最も高い）夏至（６月 21 日頃）に最高気温が、反対に最も短い（最も低い）冬至（12 月 22 日頃）に最低気温になるように思えるが、日較差と同様に、地球の地表面の暖まり方、冷め方が太陽からの熱の供給のピークから少し遅れるのと同じように考えることができる。また、低緯度の熱帯では、通常雨期の前後に気温の高い月が現れるために、気温の変化を示す曲線は２つの山と谷ができる。図 2.8 に気温の年変化の一例を示す。

　1年の最高・最低気温の差を年較差と呼ぶが、日較差と同様、高緯度で内陸ほど大きく、低緯度海岸地方では小さくなっている。

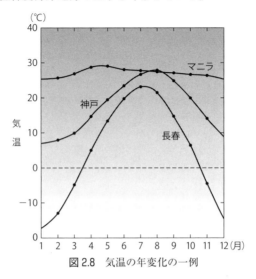

図 2.8　気温の年変化の一例

(3)　気温の高さによる変化

　気温が高さとともに減少することは、対流圏の章で説明したが、場合によっては下層より上層の気温が高い場合がある。これを気温の逆転といい、これが起こる層を逆転層という。晴天の風が弱い日の夜、地表面の空気が放射冷却によって温度が下がり、上層よりも低くなるとき（図 2.9　a）、あるいは高いところに暖かい空気の塊が進入してきて、下層よりも暖かい層ができることにより（図 2.9　b）、逆転が起こる。

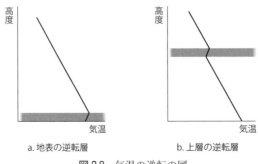

a. 地表の逆転層　　　　b. 上層の逆転層

図 2.9　気温の逆転の図

　逆転層では空気が混合することが少ないため、地表面で冷やされた場合は霧が発生し、逆転層が上空で起こる場合には、雲（層雲）が発生する。

2.3.3　気温の測定

(1)　温度計の種類と設置

　温度計には多くの種類がある。主なものとして、水銀温度計・アルコール温度計・白金抵抗温度計・サーミスタ温度計・バイメタル温度計などが上げられる。船では、このうちアルコール温度計が通常用いられている。陸上では、露場（ろじょう）と呼ばれる芝をしきつめた平坦地に百葉箱等をおいて気温を観測するが、海上ではそのようなわけにはいかないので、船体構造物の影響が少なく、風通しの良い、直射日光の当たらない場所に温度計を設置する。また、波しぶきを避ける必要上、海面上3m以上が望ましい。

(2)　観測上の注意

　温度計の読み取りは、目とアルコール示度を結ぶ線が温度計の細管に直角になるようにして、視差を生じないようにしながら1/10まで目分量で読む。体温等の影響がないように、まず1/10の値をすばやく読み、次に度メモリを読むように心がける。

　読み取った値には、検定証書に示してある機差の修正を行う。

　海水温度の測定には、採水バケツ法およびインテイク法がある。基本的に、海面から1〜2mの温度を測るのが基準である。インテイク法はエンジンの冷却水温度を測定する物であり、冷却水取り入れ口の位置によって、測定する場所が変わってくるため、採水バケツ法を用いることが望ましい。

　測定の注意事項として、気温の測定と同様の注意をするのに合わせ、①温度計をアルコール糸の上端近くまで水につけたままで読み取る、②船の排水を避ける、③何度か水をくみ直し、採水バケツと海水の温度を同温度にしておく等の注意が必要である。

トピック　日本の気温にまつわるデータ
日本における、最高気温・最低気温の記録を調べてみました。
　　　最高気温：埼玉県　熊谷　41.1℃（2018年7月23日記録）
　　　最低気温：北海道　旭川　−41℃（1902年1月25日記録）
です。
最高気温は、しばらく山形が40.8℃（1933年7月25日記録）で最高でしたが、
最近どんどん記録が破られています（2019年現在）
最高気温は、沿岸部よりも日中の気温が上昇しやすい内陸部や盆地で多く観測さ
れ、山越えの高温な気流が吹き込むフェーン現象や、都市化によるヒートアイラ
ンド現象も関係しているといわれています。
　次に気象予報に関する用語で気温に使用されるものをまとめてみました。
　　　真冬日：日最高気温が0度未満の日
　　　冬　日：日最低気温が0度未満の日
　　　夏　日：日最高気温が25度以上の日
　　　真夏日：日最高気温が30度以上の日
　　　猛暑日：日最高気温が35度以上の日
　猛暑日は、2007年から、使用し始めました。それほど、日本の気温が上がっ
ているということでしょう。

2.4　湿　　度

2.4.1　湿度とは

　湿度とは、大気中に含まれている水蒸気の量を示すもので、その量の多い少な
いによって、湿度が高いとか低いとかいわれる。この空気に含むことができ
る水蒸気の量は気温によって変化し、気温が高いほど含むことができる最大量
も大きくなるのが特徴である。

　湿度の表し方の主なものについて述べることにする。

(1)　水蒸気圧

　大気の圧力のうち、水蒸気の占める水蒸気の圧力をいい、気圧と同様にhPa
で表す。

(2)　飽和水蒸気圧

　大気の水蒸気圧が飽和に達したとき、すなわち大気の中の水蒸気がそれ以上
増加しなくなる最大限に達した状態の水蒸気圧をいう。気温が上がれば、含む

ことのできる水蒸気圧が大きくなるため、飽和水蒸気圧は大きくなる。

⑶　露点温度

　現在の水蒸気量を変えないで気温を下げていくと、やがて飽和に達して水蒸気が水滴に変わる（凝結）。このときの温度をいう。いいかえれば、現在の水蒸気圧を飽和水蒸気圧にする気温をいう。

⑷　相対湿度

　現在の水蒸気圧と、同温度における飽和水蒸気圧との比を相対湿度といい、パーセント（%）で表す。単に湿度といった場合には、この相対湿度を意味する。

　r：相対湿度、e：現在の水蒸気圧、E：その温度における飽和水蒸気圧、とすると、

　　　　$r = e / E \times 100$（%）

で計算することができる。

　ここで、eが一定でも、気温が上がれば飽和水蒸気圧が大きくなるので、相対湿度は小さくなることがわかる。

　トピック　不快指数とは何だろう

気温と湿度から求められる「蒸し暑さ」の指数で、日本人の場合85で93%の人が蒸し暑さのために不快感を感じるとされています。以下の式によって計算できます。

　　不快指数＝ $0.81 \times T + 0.01 \times H (0.99 \times T - 14.3) + 46.3$

　　　　ここで、T：気温（℃）、H：相対湿度（%）

例えば、気温30℃、湿度80%

　　不快指数＝ $0.81 \times 30 + 0.01 \times 80 (0.99 \times 30 - 14.3) + 46.3 = 82.9$

となります。かなり、不快指数は高いですね。

　日本人は77になると65%の人が不快を感じ、85では93%の人が不快を感じるといわれています。しかしながら、体に感じる蒸し暑さは気温と湿度以外に風速等の条件によっても左右されるため、不快指数だけでは必ずしも体感とは一致しないともいわれています。

2.4.2 湿度の変化

(1) 日変化

湿度も温度と同様に、複雑に変化し
ているが、相対湿度で表した場合には、
温度変化と密接に関係する。湿度の日
変化は、気温と全く逆の変化となる。
つまり、一般に最高気温が生ずるとき
には湿度は最低となり、最低気温が生
ずるときには湿度は最高となる。

これは、相対湿度を計算する式 (2.4.1

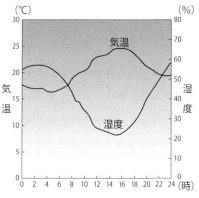

図2.10　神戸におけるある1日の気温と
湿度の日変化のグラフ

(4)) からもよくわかる。しかしながら、これは水蒸気圧が一定であることが
条件であり、降水その他の現象の影響もあって、実際には不規則な変化が見ら
れることも多い。

(2) 年変化

地形等の影響を大きく受け、場所によって変化の型が異なっているが、一般
的に内陸では日変化と同様に気温と逆の変化をする。海岸では、気温が高い割
に湿度の高くなる傾向が見受けられる。

2.4.3 湿度の測定

湿度の測定には、乾湿球温度計（乾湿計）が用いられ、気温（乾球温度）の
測定と同時に、湿球温度を測定する。

湿球温度計とは、温度計の球部をガーゼまたは寒冷紗（目の粗い薄い綿布）
で包み、布の下端を水壺に入れた物である。布から水分が蒸発することにより、
気化熱が奪われ、温度が低下する。したがって、空気が乾燥しているほど蒸発
量が多く、湿球温度と乾球温度の温度差が大きくなる。

湿球温度計の取り扱いには、以下の注意が必要である。

① ガーゼや寒冷紗は、煤煙やしぶき等によって汚れやすいので、汚れた場
　合には新しい脂気のないものと取り替える

② 球部に着いた水あかは、洗剤で洗い落とし、水で洗い流しておく

③ 水壺の水は蒸留水か軟水を用いるのが望ましい

　船の観測では、この２つの温度の列記にとどまることが多いが、乾球温度と湿球温度から露点温度や相対湿度を求めるためには、『船舶気象観測指針』その他にこれらを求めるための表が用意されているので、これを用いる。表2.2に、相対湿度の概略の値を示す。表からわかるように、湿球温度が高くなるにつれて、相対湿度は多少大きくなるが、乾球と湿球の温度差に大きく影響され、温度差が大きいほど湿度が低くなっているのがわかる。

表2.2　相対湿度を求める表

湿　球 (℃)	乾球と湿球との差（℃）										
	0.5	1.0	2.0	3.0	4.0	5.0	6.0	7.0	8.0	9.0	10.0
−6.0	88	77	56	39							
−4.0	89	79	61	44	30						
−2.0	90	81	64	50	37						
0	91	83	67	54	42	31					
2.0	92	84	70	58	47	37					
4.0	93	86	73	61	51	42	33				
6.0	93	87	75	64	54	46	38	31			
8.0	94	88	76	66	57	49	42	35			
10.0	94	88	78	69	60	52	45	39	33		
12.0	94	89	79	70	62	55	48	42	37	32	
14.0	95	90	81	72	64	57	51	45	40	35	31
16.0	95	90	82	74	66	60	54	48	43	38	34
18.0	95	91	83	75	68	62	56	50	45	41	37
20.0	96	91	83	76	69	63	58	52	48	43	39
22.0	96	92	84	77	71	65	59	54	50	45	41
24.0	96	92	85	78	72	66	61	56	51	47	43
26.0	96	92	85	79	73	67	62	57	53	49	45
28.0	96	93	86	80	74	68	63	59	55	51	47
30.0	96	93	86	80	75	69	65	60	56	52	48
32.0	97	93	87	81	76	70	66	61	57		
34.0	97	93	87	82	76	71	67				

　例えば、乾球温度 26℃、湿球温度 22℃ の観測値を得た場合、(26°−22°)＝4.0 を上欄に取り、左欄の 22° と合う値を取れば、相対湿度は 71％ となる。

2.5　雲

2.5.1　雲とは

　雲とは大気中の水蒸気が凝結または昇華して、細かい水滴または細かい氷晶となり、空高く浮かんでいて、目に見える物をいう。後で述べる霧も雲と同じものであるが、上空に浮かんでいる物を雲、地表面に接している物を霧と区別している。

　雲が発生するには、空気中の水蒸気が飽和となることが必要であるが、湿度で述べたように、飽和に達するためには空気が冷却されることが必要である。雲の発生に必要な空気の冷却は上昇運動による冷却となり、この冷却のメカニズムは、第4章「大気は動いている」で詳しく説明する。

　雲は大気の状態を総合的に表現するものであるが、形が不明瞭で常に変化しているので、昔から「雲をつかむような」といったつかみ所のない物の代名詞として用いられてきた。しかし、「観天望気」という言葉があるように、天気の予測の重要な手がかりを与えてくれるものとして、古くから重視されてきた。

　　注）観天望気：雲や風や空の色などを目で観察して，経験的に天気を予想すること。

2.5.2　雲の分類

　現在では、10種類に分類された基本的な雲形を、10種雲形（表2.3）とよび、気象観測のための分類として、国際的に用いられている。

　10種雲形で定められた雲の種類には、もっとも発生しやすい高さの層が決まっていて、その高さによる雲形の特徴を以下に示す。

⑴　上層の雲：中緯度では地上6,000m以上にできる

　①　巻雲（Ci）

　最も高いところに生ずる雲で、氷晶からできていて、「すじ雲」と呼ばれる。色は白色で繊維状をしており、羽毛状・かぎ状・直線状などの特徴的な形をと

表2.3　10 種 雲 形

		日　本　名	国　際　名	略記号	高　　度
層	上　層　の　雲	巻　　　　雲 巻　積　　雲 巻　層　　雲	Cirrus Cirrocumulus Cirrostratus	Ci Cc Cs	6000m 以上
状	中　層　の　雲	高　積　　雲 高　層　　雲	Altocumulus Altostratus	Ac As	2000～6000m
雲	下　層　の　雲	層　積　　雲 層　　　　雲 乱　層　　雲	Stratocumulus Stratus Nimbostratus	Sc St Ns	2000m 以下
垂直に発達した雲		積　　　　雲 積　乱　　雲	Cumulus Cumulonimbus	Cu Cb	600m～

(注1)　巻積雲・高積雲・層積雲は、個々の雲片は団塊状であるが、全体としては層状である。
(注2)　乱層雲を中層の雲に含める場合がある。

る。一般的によく晴れた天気の良い青空に生じてやがて消えていくが、端がかぎ状に曲がって現れる場合は、次第に厚くなって巻層雲に変わり、天気が悪化する前兆になることがある。

②　巻積雲（Cc）

氷晶でできた雲で、「うろこ雲」と呼ばれる。小さく白い雲の塊がまだら状の群れになったり、海辺の砂浜にできるさざ波の形をして並ぶことがあり、その形が魚の鱗に似ていることからこのように呼ばれる。この雲は高積雲と間違いやすいが、巻雲や巻層雲が変化してできたり、これらの雲に変化する途中にあらわれる。単独で存在することはないので、これにより判別できる。

③　巻層雲（Cs）

氷晶でできた雲で、薄くて白いベール状の雲であり「うす雲」と呼ばれる。空のかなりの部分を覆い、太陽や月にかかると「かさ」を生ずる。この雲が全天を覆って厚くなってくると、1、2日で天気が悪くなる。昔から観天望気によると、「かさ」がかかると雨の兆しといわれる。

⑵　中層の雲：中緯度では地上 2,000～6,000m にできる

①　高積雲（Ac）

水滴からできていて、巻積雲より大きな雲の塊が、白色や灰色をして規則正しく並んでいる。子羊が群がっているように見えることから「羊雲」、「むら雲」などとも呼ばれる。雲の周辺に「光冠（コロナ）」があらわれることが多い。

> 注）光冠：光が無数の水滴によって後ろに回り込んでできる光の輪で外側が赤褐色、内側がすみれ色となり、「かさ」と逆である。

② 高層雲（As）

主として水滴からなるが、時には氷晶と混在する。「おぼろ雲」といわれ、灰色や薄ずみ色をした層状の雲である。全天を覆うことが多く、太陽や月に「かさ」はかからず、薄いときには太陽や月がスリガラスを通したように見え、厚いときにはそれらを覆い隠してしまう。巻層雲に連続してあらわれ、これらがさらに厚く低くなると「乱層雲」に変わり雨・雪となる。

⑶ 下層の雲：中緯度では地表面付近 500～2,000m にできる

① 層積雲（Sc）

水滴からできている。高積雲より低く大きな団塊状の雲で、雲塊が規則正しく並んでいる。一般に天気の良いときにあらわれ、特に冬、上空の風が強いときに見られる。その形から「ロール状」「うね状」などといわれ、丸太棒を空に並べて下から眺めたような雲である。

② 層雲（St）

水滴からできている。最も低いところにできる雲で、灰色または薄ずみ色の層状の雲である。霧が地面から離れている物と考えたらよい。霧雨が降ることもあるが、一般的には天気のあまり悪くないときにあらわれ、局地的なことが多く、切れ目ができれば青空もあらわれる。

③ 乱層雲（Ns）

主として水滴からなるが、上部は氷晶になっている。暗灰色で比較的明るく、一様で層状の雲で、空全体を覆い、連続した雨「地雨」や雪を降らせるため「雨雲」といわれる。この雲の下を低い「ちぎれ雲」が飛んでいることがある。

⑷ 垂直に発達する雲：地表面付近 500m から上層の雲の高さまで発達する雲

① 積雲（Cu）

10種雲形の分類

01. 巻雲

02. 巻積雲

03. 巻層雲

04. 高積雲

05. 高層雲

07. 層積雲

06. 乱層雲

10. 積乱雲

08. 層雲

09. 積雲

水滴でできている。晴天の日によく見られる雲で、上部は丸みを帯びて、白く輝き、底は平らで陰影がある。大気の対流によって垂直に発達し、輪郭がはっきりしている。発達して巨大になると雄大積雲と呼ばれることがあり、さらに発達すると次の積乱雲となる。

② 積乱雲（Cb）

下部は水滴、上部は氷晶からできている。雲頂は上層雲の高さにまで延び、巻雲となって圏界面に沿って水平に広がり、「かなとこ状」となることが多い。激しい突風とともに「しゅう雨」や「ひょう」や雷を伴うことがある。

2.5.3 雲の観測

雲の観測は雲量・雲高・雲形について行う。

(1) 雲量と天気

雲量とは、全天に広がる雲の割合であらわし、全天を 10 として、広がる雲の割合を 10％毎に区切り、その間で 0 ～10 までの数字であらわす。

> 雲量 0：空に全く雲がないか、あっても 5％未満
>
> 10：全天が雲で覆われているか、95％以上

この範囲で、雲の量を判断して、雲量を決定する。

例えば、目視で雲が全天の 30％と観測すれば、雲量 3 と観測する。

観測上の注意点として、

① 夜間は雲が見えないので、星が見えない部分や星の光が薄くなっているところは雲がかかっているとして決定する。

② 濃霧などで空が全く見えなければ、これを雲と同等とみなして、雲量を 10 とする。

③ 降水のないときは、雲量によって天気を判断する。

> 快晴：雲量 1 以下
>
> 晴れ：全雲量が 2 ～ 8
>
> 曇り：全雲量 9 以上

⑵　雲高

　一般に雲高（雲の高さ）とは、海面から雲底（雲の最下部）の高さをいう。ただし、雲の高さの考え方には、雲頂（雲の最高部）の高さ、雲の厚さ、雲高の3つが考えられる。したがって、雲高が低くても雲頂が高い雲（例えば積乱雲）などがあるため、単純に雲高を問われたら、海面から雲底までの高さで答えることになる。雲高の観測は非常に難しいが、雲の種類が判断できれば、雲によって高さが決まっているので雲高も判断できる。また、山の高さと比較によって、推定することも可能である。

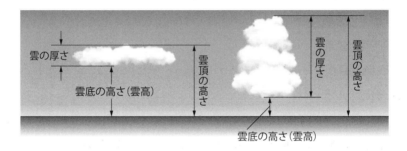

図 2.11　雲高、雲頂、雲の厚さ

2.6　降　　水

2.6.1　降水とは

　降水とは、空気中の水蒸気が凝結または昇華して雲粒となり、大きくなって空中に浮かぶことができなくなり、地上に落下してくるものをいう。前節で説明したように、全ての雲から降水があるわけではなく、主に雨を降らすのは「乱層雲」と「積乱雲」である。また、雪も降水として取り扱う。

2.6.2　降水の種類

表2.4　降水の種類

雨	粒が大きな水滴で、直径が0.5mm以上のものをいう。乱層雲、積乱雲から降り、まれに層積雲からも降る。
霧雨	粒が小さな水滴で、直径が0.5mm未満のものをいう。層雲から降る。
雪	水蒸気が昇華して氷の結晶となったもので、気温と湿度でさまざまな形に変化する。
凍雨	雨が落下中に凍ってできたもの、透明または半透明の氷の粒。
雪あられ	雪の周りに水滴がついて球形となった固まりで、粒はもろいことが多い。雪の降り始めによく見られる。
氷あられ	雪あられの周りにさらに水滴が凍り付いたもので、雪あられよりも固い。
ひょう	氷あられがさらに発達したもので、雪と氷で何層にも覆われた塊。直径は大きいもので5cmにもなることがあり、積乱雲から降ってくる。

注)「あられ」と「ひょう」の成因は同じで、その大きさが5mm未満であられ、5mm以上でひょうと区別する。

2.6.3　降水の観測

　降水量とは、ある時間内に水平な地面にたまった降水の量のことをいい、水の深さをミリメートル（mm）で測る。また積雪は、その深さをセンチメートル（cm）で測るほか、溶かして水にした場合の降水量を量る場合もある。

　降水量の測定には、現在転倒ます雨量計が用いられている。これは、雨量計の受水器の下に、0.5mmの雨がたまると転倒する「ます」が設置されていて、ますが転倒するたびにパルスが発生して、その回数によって自動的に降水量を測るものである（図2.12参照）。1時間あたりの降水量がよく用いられる。

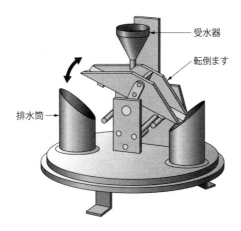

受水器

転倒ます

排水筒

図2.12　転倒ます雨量計

トピック　1時間に0mmの雨が降った？
転倒ます雨量計は、0.5mmの雨が降った場合、ますが初めて転倒して、降水量が記録されます。したがって、例えば1時間に0.4mm程度の雨が降ったとしても雨量計はその雨量を計測できません。しかしながら、雨は降っているので、0mmの雨が降ったということになり、記録も1時間0mmということになります。
最大1時間降水量では、千葉県香取、長崎県長浦岳で153mmという記録があります。雨の強さと降り方（気象庁）によると、

1時間雨量（mm）	予報用語	人の受けるイメージ
10以上〜20未満	ややつよい雨	ザーザーと降る
20〜30	つよい雨	どしゃ降り
30〜50	激しい雨	バケツをひっくり返したように降る
50〜80	非常に激しい雨	滝のように降る
80以上	猛烈な雨	息苦しくなるような圧迫感、恐怖を感ずる

153mmの雨、本当に恐怖だったでしょうね。

2.7　視程と霧

2.7.1　視程とは

　大気中には多数の浮遊物があり、そのときの大気の状態によって遠くの物の見え方が違う。視程とは、大気の混濁度（大気が浮遊物によって濁っている度合い）のことである。昼間は、空を背景にした濃色の目標物（木、建物、島）

が識別できる最大距離であらわされる。夜間は灯火を用いて、それが見えなくなる距離が昼間視程に換算される。

2.7.2 視程の観測

視程の観測には、以下の要領で実施する。

① 目標物の形が認められる最大距離である

② 正常な視力の人が裸眼ではかる

③ 方向によって視程が変わるときは、最短距離の方向の視程とする

④ 通常は水平方向の視程をいう

陸岸、山、島、他船などが見えるときは、海図やレーダで目標までの距離を測っておけば、適切に視程が測定できる。しかしながら、目標のない場合には、水平線を利用することができる。

表 2.5 視程階級表

階　　級	視程の範囲
0	50m 未満
1	50〜200m
2	200〜500m
3	500〜1000m
4	1 〜 2 km
5	2 〜 4 km
6	4 〜10km
7	10〜20km
8	20〜50km
9	50km 以上

トピック　水平線を利用して、視程を考えてみよう。
水平線までの距離：L（km）は、観測者の目の高さ：h（m）とすると
　　　$L = 3.6\sqrt{h}$　で計算できます。
今、仮にhを9mとすれば、$L = 3.6 \times \sqrt{9} = 3.6 \times 3 = 10.8km$　となります。
したがって、水平線が見えていれば、視程は10km以上あることがわかります。
水平線が見えない場合は、本船の構造物の見え方などで推測することになります。

2.7.3　霧とは

「霧」とは、細かい水滴が空中に浮かんで視程を悪くしている状態をいい、水平視程が1km未満となったものをいう。雲の単元で説明したように、層雲が地面に接した状態ということができる。また、水平視程が1km以上10km未満の場合は「もや」といい、区別する。さらに、水滴ではなく、乾燥した微粒子によって視程を悪くしている状態で、水平視程が1km未満の場合は「煙霧」という。発生原因として、次のようなものがあげられる。

(1)　冷却による飽和

冷却の原因は、放射（地表から熱が宇宙に放出されること）による冷却、伝導による冷却、混合による冷却がある。

(2)　水蒸気の補給による飽和

川・湖・海・湿った地表面などからの蒸発、落下する雨滴からの蒸発がある。

(3)　層雲の下方への拡散

逆転層の下に層雲が発達すると、下方へ拡散して地面に達することがある。

2.7.4　霧の種類

霧も雲と同様に日常生活にさまざまな影響をおよぼすために、発生原因あるいは発生場所などにもとづいて、名称がつけられている。この発生原因にしたがって分類すると次のようになる。

(1)　冷却による霧

①　移流霧

暖かくて湿った空気が、冷たい地表面へ移動して、下層から冷却されて飽和となって発生するもの。この霧は、海上にできる霧の代表的なもので、「海霧」と呼ばれることがある。広い範囲に発生し、高さも400〜500mに達し、持続性が強い特徴がある。

発生条件として、適当な風（風力2〜3）が暖気を寒冷な地表面（海面）へ向けて運ぶ方向に吹き、両者の温度差も数度以上あることが必要である。

日本では、初夏から夏にかけて見られる北海道南東の北太平洋から三陸沖に発生する霧、あるいはカナダの東のニューファンドランド島東方海上の北大西

洋に発生する霧は、典型的な移流霧である。

② 放射霧

夜間の放射冷却により地表面が冷却し、これに接している大気が熱を奪われて冷却されて飽和となり発生するもの。陸上で発生する典型的な霧であり、寒候期の内陸部に多く見られる。

発生条件として、風が弱く空が晴れていて（放射冷却が起こりやすく）、地面が湿って湿度が高くなっていることが必要である。

③ 滑昇霧

山の風上側斜面を滑昇する空気が、断熱膨張（4.1で解説する）により冷却されて飽和となり発生するもの。雲と同一である。

(2) 蒸発による霧

① 蒸発霧（蒸気霧）

低温な海面でも、その上に非常に低温な空気が流れてくると、相対的に海水が加熱されたようになり、水面から盛んに蒸発が行われる。しかしながら、蒸発した水蒸気は空気が非常に低温であるために直ちに飽和となり、霧が発生するもの。この霧は海面から湯気のように立ち上るのが特徴である。「海煙」と呼ぶことがある。

発生の条件として、両者の温度差が7～8℃以上あることが必要である。高さは海面より数mで、比較的低い霧である。

② 前線霧

温暖前線（5.3で解説する）などの通過時によく見られる霧で、前線の下にある寒気中を落下する雨滴から蒸発が起こり、空気が飽和となって発生するもの。雨によってもたらされる霧であることから、「雨霧」とも呼ばれる。

(3) その他の霧

① 混合霧

飽和近くなっている2つの気温の異なる空気が混合した場合、その中間の気温において飽和になることがあり、発生するもの。

② 逆転霧

逆転層の下方にある層雲が発達した場合、下方へ拡散することになり、地面

に達したもの。

2.7.5　航海と霧

　霧は航海の安全を阻害する大きな原因のひとつである。しかしながら、発生の状況が複雑で、特定の場所における発生の予測はきわめて困難である。しかし、気候的に見た場合、主な発生海域あるいは発生時期に関しては、その傾向を知ることができる。

(1)　日本近海の霧

表2.6　日本近海の霧

発　生　場　所	発生時期	発　生　原　因	霧　の　種　類
黄海および中国沿岸 台湾海峡周辺 次第に北上	3〜7月	大陸方面の気温が上昇しているのにもかかわらず、まだ海水温度が低いため、大陸から流れ出してくる空気が、海水面で冷やされて発生	移流霧 沿岸で発生することから、「沿岸霧」と呼ばれる
日本海北部 ピョートル大帝湾から沿海州	4〜8月 7月に最盛期	リマン海流（寒流）上へ、温暖な大陸の空気や対馬海流（暖流）のもたらす空気が吹き寄せ発生	移流霧
三陸沖親潮流域 オホーツク海	5〜9月 7月に最盛期	小笠原気団からの高温・多湿の空気が黒潮（暖流）上を吹き渡り、親潮（寒流）上で冷やされて発生 梅雨前線による降水の蒸発	移流霧 前線霧
瀬戸内海	3〜7月	瀬戸内沿岸地方の気温が上昇しても、海水温度が上がらないために海面で冷やされて発生 梅雨前線による降水の蒸発	移流霧 放射霧 前線霧

　注）瀬戸内海の霧：船舶交通の輻輳している海域であるので、霧日数はそれほど多くないが、霧が船舶の運航に与える影響は非常に大きい。

トピック　瀬戸内の霧が引き起こした海難

日本における霧が原因で起こった海難で代表的なものに、宇高連絡船「紫雲丸」の事故があります。事故は、1955年（昭和30年）5月11日、早朝の6時56分に、瀬戸内海で発生しました。高松港を出港し、宇野港に向かった紫雲丸は、折からの濃霧の中、宇野港を出港した「第三宇高丸」と高松港の沖で衝突して沈没しました。当日、紫雲丸は高松桟橋無線係から、「沿岸の海上では局地的な濃霧が発生するおそれがあり、視程は50m以下」という濃霧警報を受けていました。多数の旅客を輸送する大型連絡船の海難で、死傷者の数が多かったこと、死亡した船客の多くが、婦人、子供、修学旅行の生徒達であったこと、当時としては最新式のレーダーを装備した船舶間の事故であったことなどから、社会に与えたショックは大きなものがありました。

海難審判の採決では「本件衝突は、紫雲丸船長および第三宇高丸船長の運航に関する各職務上の過失によって発生したものである。」ということですが、濃霧が間接的な原因であったことは間違いありません。

この大事故をきっかけに、瀬戸大橋建設の機運が高まりました。

(2)　世界の主な霧

表2.7　世界の主な霧

発 生 場 所	発生時期	発 生 原 因	霧 の 種 類
ニューファンドランド沖	4～8月	メキシコ湾流（暖流）上の暖かい空気が、ラブラドル海流（寒流）の上に流れ出して発生	移流霧
北米西岸カリフォルニア沿岸	6～10月年間を通して	カリフォルニア海流（寒流）の上に暖気が移流して発生　寒冷な大陸の空気が海上に流れ出して発生	移流霧
南米西岸		ペルー海流（寒流）の上に暖気が移流して発生	移流霧
南米東岸	年間を通して	フォークランド海流（寒流）の上に暖気が移流して発生	移流霧
アフリカ北西岸		カナリー海流（寒流）の上に暖気が移流して発生	移流霧
アフリカ南西岸		ベンゲラ海流（寒流）の上に暖気が移流して発生	移流霧

北海・バルト海	春から初夏	北方の氷の溶けた冷たい海面上に、ヨーロッパ大陸から暖かい空気が流れ込んで発生	移流霧
北極海・寒帯の水面五大湖・北海		氷上の冷たい空気が、それより高温な海面上に移動して発生	蒸発霧

演習問題

「気圧」

1．気圧とは何か。またその単位を説明せよ。

2．気圧の日変化・年変化を説明せよ。

3．海面更正とは何か。なぜ更正する必要があるか。

4．船舶でアネロイド気圧計を使用する場合の注意事項を述べよ。

5．自記気圧計の利用方法を説明せよ。

「風」

6．風向とはどのように表すか。

7．風速の種類を4つあげ、それぞれについて説明せよ。

8．コーシンベーンを使用して風向・風速を測定するときの注意事項をあげよ。

9．相対風向・風速を真風向・風速に直す方法について、説明せよ。

10．風の息、突風とは何か。

「気温」

11．気温とは、どこで測定するか。

12．気温の日変化・年変化を説明せよ。

13．気温は高さによってどのように変化するか。

14．気温を測定する場合の注意事項を述べよ。

15．海水温度は、どのように測定するか。

「湿度」

16．露点温度とは何か。

17．相対湿度はどのようにして求めるか。

18．湿度と気温の関係について説明せよ。

19．湿度はどのように求めるか。

「雲」

20. 雲はどのようにして発生するか。

21. 10 種雲形にはどのようなものがあるか。

22. 雲量によって天気を判断する場合、晴れとは雲量がいくらのものをいうか。

23. 雲高とは、どこの高さをいうか。

「降水」

24. 降水量とはどのように測るか、またその単位は何か。

25. 雨をもたらす雲とは主に何か。

26. 転倒ます雨量計とはどのようなものか。

「視程と霧」

29. 視程はどのように表すか。

30. 霧ともやの違いについて説明せよ。

31. 移流霧について説明せよ。

第3章

地球の息吹　気圧と風

3.1　気圧と風

　風とは、水平方向に運動している空気であるが、運動するためには力が必要である。いったいどのような力が働いて、空気が運動するのだろうか。今ここで、膨らんだ風船を例にとる。その吹き口から手を離すと、空気が吹き出してくる、すなわち風が吹いてくる。これは、風船の中の空気が圧縮されて気圧が高いために、気圧の低い外側に向かって、空気が吹き出している訳で、風が吹いていることになる。気圧の高いところから低いところに向かって、空気が運動する（風が吹く）ことがわかる。この場合、風船の内外の気圧の差が、空気に働く力である。

　このときの空気に働く力を気圧傾度力といい、風の原動力となっている。

　ひとたび動き出した空気すなわち風には、さまざまな力が働く。それらは、地球自転の偏向力（コリオリ力と呼ばれる）、遠心力、摩擦力である。

3.2　風に働く力

(1)　気圧傾度力

　等圧線（気圧の等しい地点を結んだ連続線）に直角な方向へ、単位距離あたりで気圧の変化する割合を気圧傾度といい、この気圧差によって生ずる力を気圧傾度力という。

　　気圧傾度 = $\Delta P / \Delta x$　　ΔP：2地点間の気圧の差、Δx：2地点間の距離の差

　　気圧傾度力 = $1/\rho \times \Delta P / \Delta x$　　ρ：空気の密度

⑵ 地球自転の偏向力（コリオリ力）

　コリオリ力は、地球が自転しているために現れる見かけの力で、地球自転の偏向力または転向力とも呼ばれている。この名前は、提唱者であるフランスの物理学者コリオリに由来する。この力は、回転している平面上を運動する物体に作用するもので、物体の速さには影響せずに、その運動方向を変えているように見える力である。

　ここで、図3.1⒜に示すように、反時計回りに回転する円盤を仮定する。円盤の中心Oから外方に向かって、矢が放たれたと仮定する。矢は図中の番号①から③へ飛んでいくわけで、円盤の外から観測している人にとっては、まっすぐにOからPの方向に飛んでいるように見えるはずである。

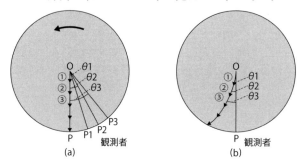

(a)　回転体の上空にいる観測者から見た運動
(b)　回転体の上にいる観測者から見た運動

図3.1　回転運動する中心から外側に向けて運動する矢の見かけ上の動き

　しかし、もし円盤上のPで観測している人がいれば、この観測者は円盤と一緒に回転しているために、矢が①の位置にきたときには角度$\theta 1$回転したP1へ、②の位置にきたときには角度$\theta 2$移動したP2へ、③の位置にきたときには角度$\theta 3$移動したP3に移動している。ところが、自分が移動（回転）していることに気がつかないので、自分がPの位置にとどまって、矢がOと観測者を結んだ線となす角度$\theta 1$、$\theta 2$、$\theta 3$と、それぞれずれた位置に曲がって、変化したように観測することとなる。このように、円盤状の観測者が見た見かけ上の運動は図3.1⒝のようになり、あたかも矢が右の方向にそれていくように見えることになる。この矢を右側に移動させる見かけ上の力がコリオリ力で

ある。このコリオリ力が風にも作用し、北半球では風向に対して右向き直角（南半球では左向き直角）に働く。

　今、地球の回転する角速度を ω とすると、図 3.2 に示すように、回転は極において最も大きく地球自転の ω に等しく、赤道上では 0 である。緯度 ϕ の地点においては $\omega\sin\phi$ となり、緯度によって大きさが変わることになる。

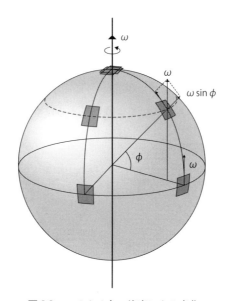

図 3.2　コリオリ力の緯度による変化

　このコリオリ力を式で表すと、

コリオリ力 $= 2\omega V\sin\phi$　　　　ω：地球自転の角速度、V：風速、ϕ：緯度

　上記の式より、コリオリ力は風速（V）が大きいと大きくなり、緯度 ϕ が大きいほど（高緯度ほど）大きいことがわかる。

　　注）極（$\phi = 90°$）では $\sin\phi = 1$ となり、コリオリ力は最大、赤道上（$\phi = 0$）では $\sin\phi = 0$ となり、コリオリ力は働かないことになる。

(3)　遠心力

　風が直線上に吹いている場合には現れないが、曲線を描いて吹いている場合には、その曲率に応じた遠心力が作用する。遠心力は高気圧、低気圧のまわりを吹く風に働き、常に曲線の外側に向かって作用し、その大きさは、風速の 2

乗に比例し、曲率半径に反比例する。

(4)　摩擦力

　地表面の近くを吹く風には、地表面の摩擦力が作用する。この力は、地上約1kmの高さまで働き、風の方向に対して逆向きに作用する。

3.3　上空の風

　上空1km以上では摩擦力が働かないため、風に働く力は、「気圧傾度力・コリオリ力・遠心力」の3つを考えればよい。

(1)　地衡風

　高層を直線上に吹く風を考えると、この風には遠心力が働かず、「気圧傾度力とコリオリ力」の2つの力だけが作用している。この2つの力から発生する風を、図3.3により段階的に考えてみる。

　(a)気圧傾度力Gは等圧線に対して直角に働くから、それに応じて風が同じ方向に起こって、風Vが決まる。

　(b)この風向に対して右向き直角にコリオリ力aが働き、風は次第に曲げられる。

　(c)コリオリ力はその後も働き続け、やがてGとaが正反対になって釣り合ったところで、風向が定まる。

　この風を地衡風といい、等圧線と平行に、北半球では高圧部を右に見ながら吹く風であり、大気の運動の中で最も基本的なものである。

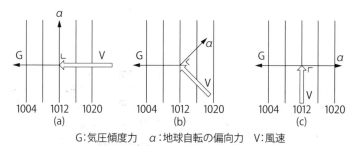

G:気圧傾度力　　a:地球自転の偏向力　　V:風速

図3.3　地衡風

　地衡風の大きさは、前項で示した気圧傾度力とコリオリ力が等しいとして、式を立てると、

　　$1/\rho \times \Delta P / \Delta x = 2\omega V \sin\phi$

　　$V = 1/2\rho\,\omega\sin\phi \times \Delta P / \Delta x$

　　ω：地球自転の角速度、V：風速、ϕ：緯度

これで、地衡風の大きさは、気圧傾度が大きければ（等圧線が混んでいれば）強くなり、気圧傾度が同じならば、$1/\sin\phi$ が大きい（$\sin\phi$ が小さい）、すなわち低緯度ほど強くなる。

　このことから、低緯度を航行中に、等圧線がまばらだからといって、中・高緯度と同じつもりでいると意外に強い風に出会ったりすることに気をつける必要がある。

(2)　傾度風

　風が曲線を描いて吹いている場合には、「気圧傾度力とコリオリ力」の他に、「遠心力」が作用する。この3つの力がつり合って吹く風を傾度風という。傾度風では、高気圧のまわりを吹く風と、低気圧のまわりを吹く風では、風速が異なる。

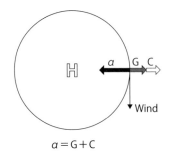
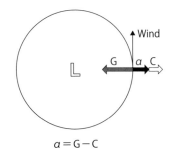

$\alpha = G + C$　　　　　　　　　　　　　$\alpha = G - C$

(a)　高気圧の場合　　　　　　　　　(b)　低気圧の場合
　　$\alpha > G$ となり、コリオリの力すなわち　　　　$\alpha < G$ となり、コリオリの力すなわち
　　風速は気圧傾度に比較して大きい。　　　　風速は気圧傾度に比較して小さい。

Gは気圧傾向力、　αはコリオリの力、　Cは遠心力

図3.4　高気圧・低気圧と傾度風

　図からわかるように、高気圧の場合は、遠心力が気圧傾度力と同じ方向に作

用するために、見かけ上気圧傾度が大きくなることに相当し、遠心力が気圧傾度力と反対方向に作用するために、気圧傾度を見かけ上小さくする低気圧に比べて、高気圧性の風の方が風速は大きいことになる。

　しかしながら、実際には低気圧の風が強いのは、元々の気圧傾度がきわめて大きいからである。

地衡風と傾度風のまとめ
　①　地衡風と傾度風は、地表面の摩擦の影響のない地上約1,000 m以上の上空を吹いている。
　②　地衡風は等圧線が直線状の時、傾度風は等圧線が曲線状の時をいう。
　③　地衡風・傾度風は、低圧部を左に見て、等圧線に平行に吹く。

トピック　ジェット気流
　日本付近では、次節で解説するように、中緯度の偏西風帯にあたり、上空でもこの偏西風が吹いています。上空では地表面の摩擦を受けず、風が強くなることを解説しましたが、特に上空の偏西風における強い風を、「ジェット気流」と呼びます。北極を中心に、西に向かって流れている風で、特に上空8～13km付近で風速が最大となり、長さ数千km、厚さ数km、幅100kmの範囲で吹き、夏季の風速は20m/s～40m/sですが、冬季には強くなり50m/sから、時には100m/sにもなることがあります。対流圏の上部付近を吹いているので、航空機の運航に大きな影響を与えます。日本から北米に向かう飛行機では、このジェット気流を利用すれば燃料消費も少なく、飛行時間も短縮できますが、反対に北米から日本に向かう飛行機では、この風域によっては大きく迂回しなければならない場合も出てきます。
　また、台風の進路や速力に大きな影響を与えることもよく知られています。

3.4　地表の風

　地表面を吹く風は、「気圧傾度力、コリオリ力、遠心力」に加えて、地表面による「摩擦力」の影響を受ける。摩擦力は、風速を弱くする方向に働くため、力の向きは風速の反対に働く。

　地表の風を風に働く力を使って説明するが、等圧線は直線上でも曲線状でも気圧傾度力は同じであるから、遠心力が影響しない直線上の風（地衡風）を用いることにする（図3.5）。

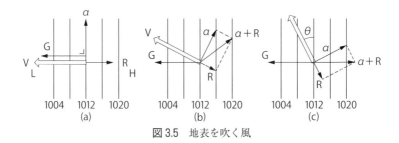

図3.5　地表を吹く風

(a)気圧傾度力(G)によってまず風が起こされるが、地衡風(V)に対して摩擦力(R)が働く。

(b)風に対してコリオリ力(α)が働き、風向が変化を始めるが、新たな風向と反対向きに摩擦力が働き、摩擦力とコリオリ力の合力(α + R)が発生する。

(c)摩擦力とコリオリ力の合力が気圧傾度力とつり合ったところで、風向が定まる。

このように、等圧線に対してある角度(θ)を持って風向が定まる。

この角度は摩擦力の大きさによって異なることになるが、一般的に陸上の摩擦力が大きいので、海上では15°〜30°、陸上で30°〜40°である。

以上より、低気圧の風は反時計回りに中心へ吹き込み、高気圧の風は時計回りに外側へ吹き出している。（南半球ではこの逆で、低気圧が時計回りに吹き込み、高気圧は反時計回りに吹き出す）

地表の風のまとめ
① 地表面で吹く風には摩擦力が働く
② 摩擦力の影響で風は等圧線を横切って低圧側に吹き込む
③ 等圧線と風向のなす角は、海上で15°〜30°、陸上で30°〜40°である
④ 摩擦力のため風は上空の風より弱められる
　　[海上を吹く風] ＝ 0.7 × [地衡風]
　　[陸上を吹く風] ＝ 0.5 × [地衡風]

トピック　ボイスバロットの法則って何？
　「北半球において風を背に受けて立ち、左手を真横に挙げると、そのやや斜め前方（海上で15°〜30°の方向に、低気圧や台風の中心がある」というもので、オランダの気象学者ボイスバロットによって、1857年に発表されました。

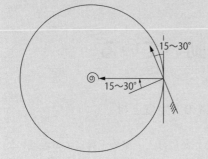
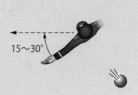

風を背に受けて立ち、左手のやや
斜め前方に台風の中心がある。

図3.6　ボイスバロットの法則

　等圧線が規則正しいので、特に台風などによく当てはまります。
　ちなみに、南半球では右手を挙げます。

ブリタニカ国際大百科事典より

演習問題

1．風にはどのような力が働くか。

2．気圧傾度力というのはどのような力か。

3．地衡風と傾度風について説明せよ。

4．地上を吹く風の特徴をあげよ。

5．ボイスバロットの法則とは何か。

第4章

大気は動いている

4.1　大気の安定度とは

　垂直方向の大気の安定度を調べるためには、大気の上昇による温度の低下率（減率）として、次の3つの減率（気温減率・乾燥断熱減率・湿潤断熱減率）が必要である。

(1)　気温減率（静的減率）

　一般の大気が高度によって気温が下がる割合で、100m につき平均 0.5℃〜0.6℃である。我々が山に登ると、実際に気温が下がることを体験できるが、この気温減率は特定の場所（この場合は登った山）における大気の状態ではなく、一般的な静止している大気の平均状態を表している。気温減率は平均的なものであるから、日々の大気の状態でいろいろ変化することがある。例えば、地上の風が強く、突風性の場合は、気温減率が1℃以上になることもある。

(2)　断熱減率（動的減率）

　ある空気塊が、何らかの力を受けて非常に遅い速度で上昇することを考える。すると、周囲の空気から影響を受けて、周りと同じ温度になってしまうと思われる。ところが、一般に上昇気塊は周囲の空気と熱のやりとりがないものと考えて差し支えない。この過程を断熱過程という。

　気圧は上空に行くほど低くなっているから、地上から上昇した気塊は上空に行くにしたがって膨張する。気体が膨張するということは周りの空気を押しのけたことになり、それだけ仕事をしたことになる。したがって、その分だけ熱エネルギーが減ったことになり、温度が下がる。この温度が下がる割合を、断

熱減率という。

　断熱減率には、以下の２つがある

　①　乾燥断熱減率

　乾燥空気が上昇するときの温度の減率をいい、100m につき 1.0℃ である。ある特定の空気塊が、上昇するときの減率である。乾燥空気といっても、実際の大気中ではいくらか水蒸気を含んでいる。その空気塊が湿度 100％以下であれば、飽和に達するまで乾燥断熱減率で気温が下がる。

　②　湿潤断熱減率

　飽和後の空気が上昇するときの温度の減率をいい、100m につき平均 0.3℃ 〜0.5℃ である。この飽和後の空気塊は、さらに上昇すると水蒸気が水滴に変わるが、このとき水蒸気の潜熱を放出するために、その分だけ減率が小さくなる。

4.2　大気の安定・不安定

⑴　安定な大気

　大気が安定な状態とは、上昇してきた空気が元に戻ろうとする場合で、上昇してきた空気の温度が周りの空気の温度より低い（気温減率が断熱減率より小さい）場合である。気温減率と断熱減率を比べ、断熱減率が大きい場合は、例えば気温減率は 0.5℃ /100m、乾燥断熱減率は 1.0℃ /100m とすれば、大気は安定な状態である。

⑵　不安定な大気

　大気が不安定な状態とは、上昇してきた空気が、ますます上昇しようとする場合で、上昇してきた空気の温度が、周りの空気の温度より高い（気温減率が断熱減率より大きい）場合である。気温減率と断熱減率を比べ、気温減率が大きい場合は、例えば気温減率が 1.2℃ /100m、乾燥断熱減率が 1.0℃ /100m となれば、大気は不安定な状態である。

⑶　条件付不安定

　⑴⑵では、乾燥断熱減率のみで説明したが、実際には空気には水蒸気が含まれているから、気温減率、乾燥断熱減率、湿潤断熱減率の３つを比べる必要が

ある。

　乾燥断熱減率が気温減率より大きく、湿潤断熱減率が気温減率より小さい場合を考える。

　ここで、例をあげて説明する（図4.1参照）。今、気温減率0.5℃/100m、乾燥断熱減率1.0℃/100m、湿潤断熱減率0.3℃/100mとし、地上の25℃の空気の中を、何らかの力を受けて、25℃の空気塊が上昇することを考える。ここで、上昇した空気は1,000mで飽和となるとすると、1,000mの大気の温度は20℃、上昇した空気塊の温度は15℃であり、ここまでは安定である。そして、ここから上昇する空気は湿潤断熱減率で温度が下がり、3,500mの大気の温度と上昇気塊の温度は7.5℃と同じになる。この3,500mの高度を、自由対流高度という。自由対流高度を過ぎると、上昇気塊の温度が大気の温度よりも高いことになり、不安定となる。このように、下層では安定となっているが、上層では不安定になる状態を、条件付不安定という。

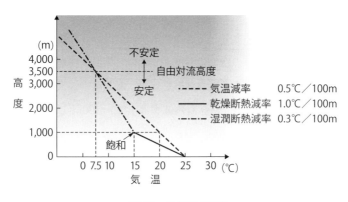

図4.1　条件付不安定

⑷　上昇運動

　安定不安定を説明してきたが、大気の中で、ある空気塊が上昇することが必要であり、上昇運動の種類は次のようなものがある。

　①　対流による上昇

　日射によって地表面が加熱されたり、寒冷な空気が暖かい地表面へ移流して

きたような場合には、対流が起こり上昇気流を生じる。空気が水蒸気を多量に
含んでいると、上昇した空気塊が凝結による潜熱の放出によってさらに加熱さ
れ、対流がいっそう加速される。

② 地形による上昇

風が山岳の風上斜面に吹き付けると、強制的に上昇させられる。季節風
（4.3.2 参照）などが海上を吹走した後、島や山脈によって上昇し、多量の降水
や降雪をもたらすのがこの一例である。

③ 前線（5.3 参照）による上昇

温暖前線や停滞前線では、暖気が寒気の上に這い上がり、寒冷前線では寒気
が暖気を押し上げている。閉塞前線では、寒冷・温暖の両前線が上下に重なっ
ているので、暖気は強く押し上げられることになり、激しい上昇気流が生ずる
ことになる。

④ 収束による上昇

ある地点に周囲から風が吹き集まっている場合、気流が収束しているといい、
低気圧や台風（6.1、6.2 参照）の域内の地上では収束がおこっている。また、
周囲に風が吹き出している場合を発散しているといい、高気圧（7.1 参照）の
域内の地上では、発散が生じている。

低気圧の域内で収束した空気は、そこで圧縮されることはなく、気圧の低い
上空へ上昇していく。

4.3　大気の環流と大規模な循環

前節では、大気が上昇・下降するという垂直方向の動きについて考えてみた。
それでは、水平方向ではどうであろうか。地球上で、もし大気の移動がほとん
どなく停滞していると考えると、太陽から受ける熱量が失う熱量より大きいと
考えられる熱帯地方では年々暑くなり、また逆に受ける熱量より失う熱量が大
きいと考えられる高緯度では年々寒冷化していくはずであるが、そうはなって
いない。地球を平均的に見ればいつも変わりない気候をもたらしているのは、
大気がいつも流れ続け循環しながら熱のやりとりを行っていると考えるのが自

然であろう。

　大気の大循環とは、地球の大気の動きを時間的・空間的に平均した場合に見られる大規模な流れである。日々の天気は、さまざまな気象現象（低気圧、高気圧、前線）によって複雑に変わってくるが、この平均した流れを考える上では、このようなじょう乱は現れない。

　大循環の成因や構造に関しては、古くからいろいろな説が出されてきた。現在認められている大循環のモデルを、図4.2に模式的に示して紹介する。大循環の特徴は、子午線面に沿って南北方向に行われる弱い循環と、子午線を横切って東西方向に流れる強い環流に分けられる。

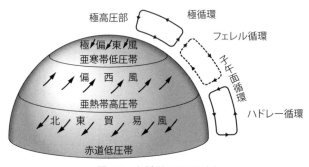

図4.2　大循環のモデル図

　図4.2で示したように、地球の平均的な気圧分布としては、次のようなものがある。これらは、地上の風系と密接な関係がある。

4.3.1　地表の平均的気圧分布

(1)　赤道低圧帯

　赤道を取り巻く低圧帯で、平均気圧は1012hPa程度である。北半球では北東貿易風が、南半球では南東貿易風が吹き集まる場所で、熱帯収束帯、熱帯無風帯とも呼ばれている。ここでは一般に風向はまちまちで、風が収束しているために上昇気流が起こり、積乱雲の発達に伴って突風やしゅう雨が多い。

(2)　亜熱帯高圧帯

　20°〜30°の緯度帯にあり、図4.2で示すハドレー循環とフェレル循環による

下降気流によって形成される高圧帯であり、亜熱帯高気圧を形成する。夏期に発達し、海上で特に顕著である。亜熱帯無風帯とも呼ばれている。

(3) 亜寒帯低圧帯

　緯度40°〜70°付近にある低圧帯で、北半球では大陸が多いため風はそれほど強いものではなく、太平洋ではアリューシャン低気圧が、大西洋ではアイスランド低気圧が発生・発達、悪天候をもたらす。一方南半球では大陸の影響が少なく、海上では特に顕著に定常的な風が吹くので風が強く、波浪も高い。

> **トピック　馬緯度（ホースラチチュード）**
> 19世紀の帆船による貿易が盛んなとき、馬を積んで航海することが多かったが、この高圧帯に入ると、航海日数が伸びて水・食料が不足するようになりました。そこで、水の消費量が多い馬を、海に捨てたことから、亜熱帯高気圧帯をこのように呼びました。
> 「吠える40度」、「狂暴な50度」、「号叫する60度」
> 昔から、南半球の亜熱帯低圧帯を航海する船乗りが、このように呼んで、この緯度の航海を警戒しました。ちなみに、航海の難所といわれるアフリカ南端の喜望峰は南緯34度、南米南端のホーン岬やマゼラン海峡は南緯53度に位置しています。

4.3.2　偏東風と低緯度の天気

　亜熱帯高圧帯から赤道低圧帯に向かって吹き込む風は、コリオリ力の影響を受けて東よりに偏向され、偏東風または貿易風（トレードウィンド）と呼ばれている。この風は地上から対流圏上部まで存在していて、定常性が強く、風向は北半球では北東、南半球では南東、風力は3〜4で一定で、北太平洋では北緯15度を中心に南北に15°〜20°の幅を持ち、西経150度付近を中心に、60°〜70°の長さを持つ海域に、南太平洋では南緯5度を中心に南北に20°の幅を持ち、東西で70°〜80°の長さを持つ海域に吹く風である。

　この海域では、天気は大体よく、晴れが続くことが多い。このため、東方に航海する船にとっては、この風を後ろから受けることによって、航海時間の短縮ができる。

　貿易風の上空（10km〜16km）を吹く風は、西寄りの風が吹いていて、貿易風に対して風向が逆なので、反対貿易風と呼んでいる。

4.3.3　偏西風と中緯度の天気

　亜熱帯高圧帯から、北緯 60 度付近の亜寒帯低気圧に向かって吹く風は、コリオリ力によって偏向され、偏西風と呼ばれている。この偏西風帯では、高気圧や前線・低気圧の発生によるじょう乱が多いことから、天気の変化が激しく、地表では貿易風のような定常風は見られないが、上空に行くほど定常的になり風速も増すことになる。中緯度で天気が一般に西から東に変わるのは、中緯度の天気に影響を与える高気圧・低気圧が、この偏西風に流されているからである。

4.3.4　高緯度付近の環流

　極地方では、非常に低温であるため空気が下層に堆積してできた極高気圧がある。この高気圧から 60° 付近の亜寒帯低圧帯に向かって吹く風は、これもコリオリ力によって偏向され、偏東風となって吹き出している。これを極偏東風（寒帯東風）と呼び、地表近くのみに吹いて、上空では見られないのが特徴である。

4.4　中規模の循環

　4.3 で述べた大規模な環流に付随して発生するのが、中規模の循環である。

4.4.1　季節風

　海洋と大陸が接する地域を考えると、冬季は大陸が著しく冷却されて、寒冷で重い空気が堆積して高気圧となり、相対的に気圧の低い海洋に向かって風が吹き、夏季は逆に大陸が熱せられ低圧部となり、相対的に冷たい海洋上が高圧部となり、大陸に向かって風が吹くことになる。このように、夏と冬で半年ごとに変わる風の系統を季節風（モンスーン）と呼び、冬は大陸から海洋に、夏は海洋から大陸に向かって吹く卓越風である。地球上でこの季節風が顕著に見られる地域は、インド、東南アジア、そして我が日本も世界的に季節風で有名

な地域である。

(1) インドの季節風

冬はシベリア高気圧からの風がインド洋に向かって吹き出す北東季節風である。この季節風はインド北方のヒマラヤ山脈に遮られるなどして弱められ、海上では風力2〜4と一定の強さで吹くので、海上は穏やかである。夏は、大陸が熱せられて低気圧となるが、特にイラン、パキスタン方面の気圧が低く、そこに比較的気圧の高い海洋から風が吹き込んでくる。この風が南西風となり、インド洋、アラビア海、ベンガル湾、東インド諸島に吹く。風は障害物のない海上を定常的に吹くため冬よりも季節風は強くなり、風力5〜7に達する。また海上は風の吹走距離、吹続時間、風速が十分であることから、波が高い時化模様になる。

(2) 日本の季節風

冬は大陸が寒冷なためにできたシベリア高気圧から、日本の東方海上にある発達した低気圧に向かって強い北西季節風が吹く。風力は6〜7にも達することがあり、海上では強い西寄りの季節風を「大西風」と呼ぶことがある。夏は低圧部となった大陸に、海上で発達してきた小笠原高気圧から吹き出す南東〜南西の季節風が吹くが、日本近海では風力は弱く2〜4である。

4.5 小規模の風

4.4で述べた中規模の環流に付随して発生するのが、小規模の環流である、地域の風とも呼ばれる。ここでは、海陸風・フェーンを紹介する。

(1) 海陸風

海陸風とは天気の良い穏やかなときに海岸地方で見られる風で、規則正しい周期によって正しくくり返す。海上と陸上の気温の違いによって引き起こされる地域の風（局地風）である。

海上と陸上の気温が平衡している日没後から午後11時頃までは風のない状態が続き、これを「夕凪」という。やがて陸地では地上の熱が大気中に放出される「放射冷却」がおこり、高気圧となる。一方海上の気温があまり下がらな

いことから、海上では弱い上昇気流が起こり低気圧となり、地上の重い空気が海上へ流れ出すことにより風が吹く。これを「陸風」と呼ぶ。上昇した海上の空気は上空では陸地の方に向かうために、局地的な対流をつくる。陸風は、日の出前後まで続く。

その後、海上と陸地の気温が再び平衡して風がなくなり、これを「朝凪」という。日が高くなるにつれ陸地の気温が上がり、上昇気流を起こして低気圧となる。一方海上の気温はあまり上がらないことから相対的に高気圧となり、海上から陸上に風が吹く。これが「海風」であり、午前10時頃から吹き始め、午後1〜2時頃に最強となり日没頃まで吹く。

日中は気温差が大きいので海風の方が強く吹き、風速は5〜6m/s、陸風はその半分ほどの2〜3m/sで、風の起こる範囲は、海岸から10km程度の海上と、30km程度の陸地である。

(2) フェーン

フェーンとは、高温で乾燥した風が山の風下側を吹きおりるものであり、山岳地方での雪崩や、日本海側の各地で大火を引き起こすことがある。また近年では、最高気温を計測する原因にもなっている。

これは、風が山を越すとき山の頂上で雲を生じ、雨や雪を降らせて乾燥するが、このとき空気は乾燥断熱減率で気温が下がる。この風が山を越えて風化の平地に吹きおりてくると、乾燥断熱的に温度が上がるために、さらに乾燥してフェーン現象を引き起こす（図4.3参照）。

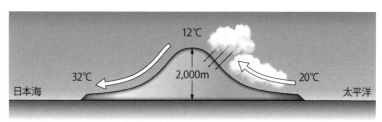

極端な例として、風が2,000mの山を湿潤断熱減率（0.4℃／100m）で上昇し、乾燥断熱減率で吹き下ろせば、20℃の空気が32℃になる。

図4.3 フェーン現象

演習問題

1. 大気の3つの減率をあげて、それぞれを説明せよ。

2. 偏西風とはどのような風で、どこに吹いているか。

3. 季節風について説明せよ。

4. 海陸風とは何か。

第5章

気団と前線

5.1 気　団

　気団とは、広い範囲にわたって水平方向に一様な性質を持った空気の塊である。気団を特徴づける性質は、温度と湿度が代表的なものである。

　気団の大きさは、直径が数100kmから数1,000kmで、高さは1kmないし数kmである。

　気団は地表面の影響が大きく、その性質を受け継いで形成されるので、そのためには次の条件が必要である。

① 　大陸や海洋のように、一様な表面の性質を持つ広大な地域が存在すること。

② 　定常的な高気圧の圏内のように、大気が長期間その地域に停滞すること。中緯度（温帯）のように低気圧がよく発生し、通過する場所では気団は形成されない。

　①、②より、気団が形成される地域（発源地）は、熱帯または寒帯の大陸か海洋ということになる。

5.1.1　気団の分類

　まず始めに、温度について気団を分類すると表5.1左欄（その英語標記の頭文字をとる）のようになり、同様に、湿度について気団を分類すると表5.1右欄（その頭文字をとる）のようになる。

表 5.1　気団の分類

低温　　極（Arctic）　　気団 寒冷　寒帯（Polar）　　気団 温暖　熱帯（Tropical）　気団 高温　赤道（Equatorial）気団	乾燥　大陸性（continental） 湿潤　海洋性（maritime）

これを組み合わせれば、7とおりの気団が種類を得られることになる。

極海洋性気団	mA	非常に低温で湿潤
極大陸性気団	cA	非常に低温で乾燥
寒帯海洋性気団	mP	寒冷で湿潤
寒帯大陸性気団	cP	寒冷で乾燥
熱帯海洋性気団	mT	温暖で湿潤
熱帯大陸性気団	cT	温暖で乾燥
赤道気団	mE	高温で多湿

注）ここで、赤道大陸性気団がない事に注目。赤道が通過する位置を地球上で見てみると、気団の定義である、広い範囲にわたって水平に広がる大陸がないことがわかる。

5.1.2　気団の移動と変質

気団は発源地の地表面の性質を受け継いだ後、発源地を離れて移動しても、その性質はすぐに変わらない。しかし、陸上から海上に出たり、長い距離を移動して異なった性質の地表面に達すると、以下のような原因によりその特性が変化し、気象現象にも大きな影響をおよぼす。

①　下層からの加熱

北極気団や寒帯気団が南下して温暖な地域に達すると、下層から加熱されるので大気は不安定になり、対流性の雲が発生する。風は突風性となり、視界は一般的に良くなる。

②　下層からの冷却

熱帯気団が北上して寒冷な地域に達すると、下層から冷却され気温の逆転を生じ、大気は安定な成層となって、一般に視界は悪くなる。場所によっては移流霧を生じることがある。

③　水蒸気の補給

大陸で形成された乾燥した気団が海洋上に達すると、海面から蒸発した水蒸気を吸収して下層が湿潤となる。上層が乾燥で、下層が湿潤な大気は不安定となりやすいが、さらに下層の加熱も伴う場合にはきわめて不安定となり、対流性の雲を発生させる。

④　水蒸気の除去

気団が山脈の風上側で多量の降水を生じた後、風下側へ出ると非常に乾燥したものになる。

5.1.3　日本に影響をおよぼす気団

日本は気団の定義のように、広い範囲にわたって水平方向に一様な性質を持った空気の塊が発生する環境にはないが、前項で述べたように、周囲の大陸や海洋で発生した気団が変質しながら移動して、影響をおよぼしている。図5.1に日本付近で発生する気団とその移動方向を示す。

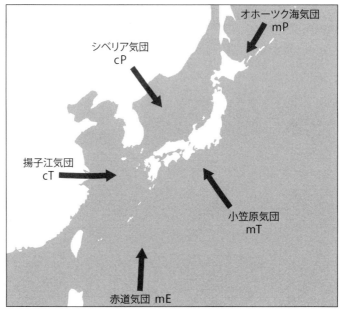

図5.1　日本付近の気団

①　シベリア気団（cP）

　発源地はシベリア大陸で、冬季に発達する。乾燥して非常に冷たい気団である。季節風により日本海に出ると下層から暖められ、さらに水蒸気を補給されて不安定となり、この風が日本列島の山岳部に当たって上昇させられて雲を生じ、多量の雨や雪を降らせた後乾燥して太平洋側に出たときには、乾燥した気団となっている。その後、太平洋上に出ると暖かい黒潮（9.3 海流参照）によって暖められ、水蒸気を補給された後再度不安定となり、突風性の風を伴う荒天となる。

②　オホーツク海気団（mP）

　発源地はオホーツク海および千島列島周辺で、梅雨期と秋に発達する。寒冷で湿潤な性質であり、梅雨前線や秋雨前線（5.3 前線の種類参照）に関係し、夏季に発達して南下し、日本列島を覆うと、冷涼で不順な天候が東日本を中心に現れる。

③　小笠原気団（mT）

　発源地は日本の南東部の北太平洋西部で、夏季に発達する。温暖で湿潤な気団である。この気団に覆われると、晴天が持続し、内陸部では強い対流によって積乱雲が発達して、雷雨になることもある。上記オホーツク海気団と同様に、梅雨前線や秋雨前線に関係する。

　北海道や千島列島付近では、下部から冷やされることにより、広範囲な移流霧（海霧）を発生させる。

④　揚子江気団（cT）

　発源地ははっきりしないが、シベリア気団が南下して温暖化して定着する場合と、中国大陸の南方から北上して定着した場合が考えられる。活動期は主として春と秋であり、気団が日本列島を覆うというわけではなく、この気団が移動性の高気圧（7.2 高気圧の種類参照）として、日本に影響をおよぼす。性質は高温、乾燥であり、この気団の影響により、日本は好天となる。

⑤　赤道気団（mE）

　発源地は赤道付近の海上で、高温、多湿な気団である。日本へは梅雨期や台

風襲来時に、小笠原気団の上方からくさび状に侵入して、集中豪雨をもたらすことがあり、これを湿舌と呼んでいる。

5.2　前線の発生

前線とは、性質の異なった2つの気団が接してできるものであり、前線を境にして、気温・湿度が大きく変わっている。さらに前線の前後では、風向・風速・雲・降水・視程が大きく変わる。

気団は前項で述べたように空気の塊であるから、例えば寒気団と暖気団の2つが接して面をつくっている場合を考える。暖気団は上に、寒気団は下に広がることからこの面が地表面に対して斜めに傾いて、地表面と交わる線が、地上の前線となる（図5.2）。

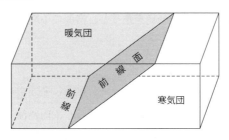

図5.2　気団と前線の図

前線が発生するためには、2つの気団でできる前線面の両方の気団から空気が吹き寄せて、温度と湿度の差が顕著とならなければならない。したがって、前線が発生しやすい状況としては、図5.3に示すような気圧の型があげられる。このような部分は気圧の鞍部（馬の背に乗せる鞍のような形をしている）と呼ばれていて、図に示すように南から暖かい空気が、北から冷たい空気がそれぞれ流れ込んで、中央付近で空気が収束している。（斜線部に前線が発生する。）

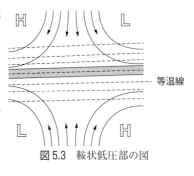

図5.3　鞍状低圧部の図

5.3 前線の種類

前線の種類には、それを構成している気団の種類によるもの（地理的分類）と、気団の運動の方向によるものが考えられる。

5.3.1 地理的分類

① 北極前線

北極気団と寒帯気団の間に形成される前線である。両方とも寒気団で、大きな気象現象は引き起こさない。

② 寒帯前線

寒帯気団と熱帯気団とのあいだにできる前線である。温度の差が大きく、性質が大きく異なるためこの前線上には温帯低気圧が発生しやすい（6.1 温帯低気圧参照）。前線の位置は季節的に大きく変化し、夏は熱帯気団が強くなるために北上し、冬は寒帯気団が強まるために南下する。

③ 赤道気団

この前線は温度差の異なる気団によってつくられるものではなく、気流の収束によってつくられる。熱帯収束帯と呼ばれる。

5.3.2 気団の運動方向による分類

(1) 停滞前線

ほとんど移動しないか、移動しても速度が時速10km程度以下の前線である。北の寒気団と南の暖気団の間で、暖気の方が優勢なために寒気の上に暖気が緩やかに登って発生して東西に延びる前線である。前線の傾斜は緩やかである。

　―天気の特徴―

① 気圧：高気圧に挟まれた場所にできるため、前線を中心に南北に緩やかに気圧が上がっている。

② 風向：前線にほぼ平行に、南側で西または南西、北側で東または北東の風が吹く。

③　降水：前線の北側に約300kmまで雨域が広がり、雨の種類はしとしと
　　降る雨（地雨）である。南から優勢な湿った暖気が進入してくることによ
　　り、時には激しい雨（しゅう雨）をもたらすことがある。前線の南側は天
　　気が良い。

④　雲：巻層雲→高層雲→乱層雲と続く層状の雲が、前線の北側に広がる。

⑤　その他：一度できると長く存在して、梅雨前線、秋雨前線などと呼ばれ、
　　ぐずついた天気が続く。

　停滞前線が何らかの力を受けて波動を起こすと、前線が屈曲した場所に温帯
低気圧が発生する（6.1 温帯低気圧で詳説）。すると、停滞前線の東側が温暖
前線、西側が寒冷前線となる。

(2)　温暖前線

　温帯低気圧の中心から南東側に延び、暖気が寒気の上にのし上がって進む前
線である（図5.4）。前線面の傾斜は
1/200〜1/300程度と、停滞前線より緩
やかなため暖気の上昇も緩く、層雲状
の雲が発生する。

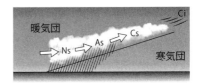

図5.4　温暖前線の構造

　―天気の特徴―

①　気圧：前線が近づくにしたがって徐々に低下し、前線が通過するとほぼ
　　一定になる

②　風向：前線が通過するまでは南東（北半球）であるが、前線が通過する
　　と南西に変わる

③　気温：前線が通過すると上昇する

④　雲：巻層雲→高層雲→乱層雲と続く層状の雲が、前線接近とともに厚さ
　　を増してくる

⑤　降水：しとしと降る雨（地雨）であり、前線の前方300〜500km付近か
　　ら降り始める

(3)　寒冷前線

　温帯低気圧の中心から南西側に延び、寒気が暖気の下にもぐり込みながら進

む前線である（図 5.5）。前線面の傾斜は
1/25〜1/100 と急で、寒気が暖気をすくい
上げるようになるため、上昇気流が発生
し、積雲状の雲が発生する。

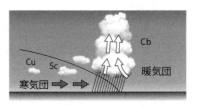

図 5.5 寒冷前線の構造

―天気の特徴―

① 気圧：前線が通過するまではほぼ
　　一定で、通過する直前に下降するが、通過後は急に上昇する

② 風向：前線が通過するまでは南西（北半球）であるが、通過とともに北
　　西に急変する

③ 気温：前線の通過とともに急速に低下する

④ 雲：前線の前方 300km あたりで高積雲や層積雲が現れる。50km 前方
　　で積雲と積乱雲が押し寄せる

⑤ 降水：一般にザーと降る雨（しゅう雨）で、降水域は前線の前後 50km
　　程度の範囲で降る

トピック　前線の傾斜

なぜ温暖前線と寒冷前線では傾斜に違いが起こるのでしょう？

温暖前線も寒冷前線も、最初は停滞前線だったことは説明しました。つまり元々
は同じ傾斜でした。

温暖前線では、図のように滑昇する
暖気が前線面を押すと同時に、前方
の寒気の影響で、上方（A）は地面の
摩擦の影響が小さく速く進むのに比
べ、下層（B）の寒気は、摩擦のため
に残りがちになります。すると、前
線面は点線から実線のように傾くこ
とになり、前線の傾斜は緩くなりま
す。

寒冷前線は、前線後方の寒気が前線
面を押していますが、上空（A）では、
地面の摩擦力の影響が少ないので速
く進むのに比べ、下層（B）では摩擦

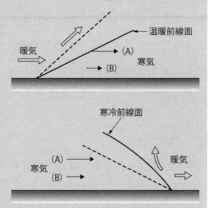

の影響で残りがちになります。すると、前線の傾斜は点線から実線のように傾く
ことになり、前線の傾斜はきつくなります。

⑷　閉塞前線

　寒冷前線が、速度の遅い温暖前線に追いついて形成される前線で、2つの前線が上下に重なるために暖気の押し上げが顕著になり、風雨が激しくなる。

　閉塞の仕方により、温暖型と寒冷型の2種類がある（図5.6）。

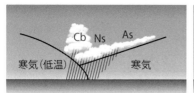
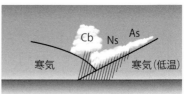

(a) 寒冷型閉塞前線　　　　　　　(b) 温暖型閉塞前線

図5.6　閉塞前線の形成

　①　寒冷型閉塞前線

　温暖前線の前方にあった寒気の温度よりも、寒冷前線の後方から追いついた寒気の温度の方が低い場合に、寒冷前線が温暖前線の下に潜り込む形でできる。温暖前線が上空にすくい上げられ上空の前線となり、地上には寒冷前線が残る。大陸の東岸などでは、この型が生じやすく、日本における閉塞前線は、この形である。

　②　温暖型閉塞前線

　温暖前線の前方にあった寒気の温度よりも、寒冷前線の後方から追いついた寒気の温度の方が高い場合に、寒冷前線が温暖前線の上にのし上がってできる。寒冷前線が温暖前線を這い上がって上空の前線となり、地上には温暖前線が残る。大陸の西岸などで、この型が生じやすい。

5.3.3　その他の前線

　前線に類似なものあるいは二次的に生じたもので、疑似前線とも呼ばれ、次のようなものがある。

　①　不安定線またはスコールライン

　寒冷前線の前方の暖気内に現れ、悪天候を伴った強い収束線である。ここには帯状に積乱雲が並び、雷雨や突風が発生する。これは、上空の寒気が寒冷前

線の前方に吹きおりると、温暖多湿な地表面の空気との間に強い収束をつくるために生じたものである。不安定線は前線より早く進み、半日ないし1日で消滅するため、前もって予測することが難しい。

② 二次前線

寒冷前線の後方の寒気団内に生ずる二次的な前線で、二次寒冷前線とも呼ばれる。寒冷前線の移動に伴い、前線の後面の寒気が海水などで暖められた場合、そこに後方から新たに寒気が侵入し、古い寒気と新しい寒気の温度差が顕著になると、古い寒気が暖気となり、新しい寒冷前線、二次寒冷前線ができる。時にはこの寒冷前線が何本もできて、第三次寒冷前線となることもある。

演習問題

1. 気団が形成されるためには、どのような条件が必要か。

2. 日本に影響をおよぼす気団を2つあげ、その性質を述べよ。

3. 寒冷前線の天気について説明せよ。

4. 閉塞前線の2つの種類について説明せよ。

第6章

悪天をもたらす低気圧

　低気圧とは、周囲と比較して相対的に気圧の低い部分のことである。1気圧が1013hPaであることを解説したが（2.1　気圧参照）、1013hPaでも周りにさらに気圧が高い場所が存在すれば低気圧になり、同様に気圧が低い場所があれば高気圧（第7章参照）となる。天気図を見ると必ず閉じた等圧線で囲まれていて、この中心の気圧を中心示度という。中心付近に近づくにしたがって等圧線が密集していることが多く、北半球では反時計回りに風が吹き込んでいる（南半球ではその逆で、時計回りに風が吹き込む）。吹き込んだ風は上昇気流となり、雲や降水を生じ、一般的に悪天候となる。

低気圧のまとめ
① 　低気圧とは周囲よりも相対的に気圧の低い部分である。
② 　内側ほど気圧が低く、気圧の低くなっていて、一番低いところを「低気圧の中心」、その気圧を「中心示度」という。
③ 　周囲から中心に向かって、風が反時計回りに（北半球）吹き込む。
④ 　上昇気流により雲と降水がある。気圧傾度が大きく（等圧線の幅が狭く）風が強い。
⑤ 　低気圧は停滞前線の波動によって形成される。

　低気圧は、その発生場所によって、温帯低気圧と熱帯低気圧とに分けられ、一般的に「低気圧」といえば、温帯低気圧のことをさしている。

6.1　温帯低気圧

　温帯低気圧の発生の原因として、前章で述べた停滞前線の波動をあげることができる。停滞前線は高気圧に挟まれた場所で、気圧の低い部分の連なりなので、その停滞前線が波動を起こすと、その中心が低圧部となり、温帯低気圧と

なる。例えば、オホーツク海気団（寒冷湿潤）と小笠原気団（温暖湿潤）の2つの気団の間には停滞前線が発生するが、その寒冷前線が波動を起こす（南北に波打つ）ことにより、その中心に温帯低気圧が発生する。

6.1.1 温帯低気圧の一生

前線上に温帯低気圧が発生してから消滅するまでの期間は、普通2日から7日間くらいである。その一生を見ると、図6.1の4段階に分けることができる。

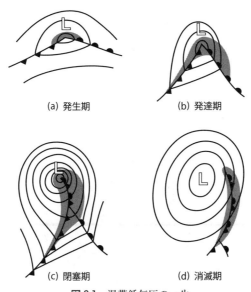

(a) 発生期　　　(b) 発達期

(c) 閉塞期　　　(d) 消滅期

図6.1　温帯低気圧の一生

（1）発生期

横たわっていた停滞前線上に小さな波動ができる。南にある暖気が北に向かい、北にある寒気が南に向かう。波動した停滞前線の東側は温暖前線、西側は寒冷前線となる。これが温帯低気圧の発生であり、悪天の範囲はまだ狭く、両前線はまだ東西に近く延びている。

（2）発達期

　温暖前線と寒冷前線の波打ちは次第に大きくなり、それぞれの前線は南東・南西の方向に伸びるようになり、活動が活発になる。低気圧の中心示度も低くなり風雨も強くなってくる。

　この発達期の温帯低気圧の構造を、平面図と真横から見た立体図で示すと図6.2のようになる。

(3)　閉塞期

　進行とともに寒冷前線が温暖前線に追いつき閉塞が始まる。このとき前線の波動は最大となる。この閉塞の初期が低気圧の最盛期にあたる。さらに閉塞が進行していくと暖気は上空に上げられ、暖気の補給が途絶えるため、低気圧は次第に衰弱へと向かっていく。

(4)　消滅期

　低気圧の全域にわたって閉塞が完了すると、閉塞前線に関連した渦巻きがのこるだけとなる。やがて前線を挟んだ気団の間に差がなくなり、一様な空気の流れとなって消滅する。

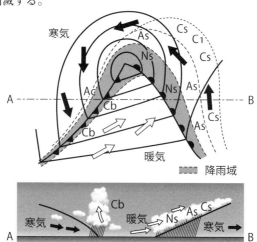

図6.2　温帯低気圧のモデル

6.1.2　日本近海の温帯低気圧

　中緯度に発生した温帯低気圧は、偏西風に流されて東進するものがほとんどで、次節で解説する熱帯低気圧のような複雑な進路を通ることはほとんどない。

日本近海の温帯低気圧の主な発生場所は、海陸の境界付近が最も多い。発生数は年間約 400 個で、各月とも 30 個あまりである。

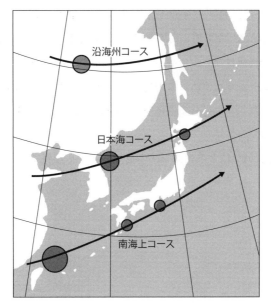

図 6.3 日本付近の温帯低気圧の発生域と主な経路

発達の程度は寒候期のものほど強くなり、移動速度も速くなる。

日本近海を通過する低気圧の中で、台湾の北東海域で発生し、日本南岸を北東進するものがあり、これは台湾低気圧とか、南岸低気圧としてよく知られており、暖域内を吹き荒れる強風と関連前線に付随する突風により多くの海難を引き起こしている。急速に発達するのも特徴の 1 つで、時には熱帯低気圧に匹敵するものもあるので、注意が必要である。

トピック 「爆弾低気圧」って何？
冬期、温帯低気圧が爆発的に発達するものを爆弾低気圧と呼びます。定義として、例えば、緯度約 40° で 1 日に気圧が 18hPa 以上下がると、爆弾低気圧の発生といわれます。
「爆弾」というのは語感が悪いので、「急速に発達した低気圧」と言い換えることもあります。日本付近では、三陸の沖合から東に延びる海域や、アラスカの南方海域でよく発生することがあります。

6.2　熱帯低気圧

　熱帯低気圧とは、熱帯の海洋上で発生する低気圧である。日本では風速17.2m/s以上に発達したものを台風と呼び、それ以下は単に熱帯低気圧と呼ぶ。等圧線は円形で前線はなく、中心示度が低く強風を伴っており、中心に風や雨のない部分「眼」が存在する。この低気圧は高温多湿の同一の気団内に発生する渦であり、水蒸気が上昇して雲になる（凝結）ときに発生する潜熱をエネルギーとしている。

　ここで、 温帯低気圧と熱帯低気圧の違いを表にまとめておく。

表6.1　熱帯低気圧と温帯低気圧の相違点

相違点	熱帯低気圧	温帯低気圧
発生場所	熱帯	温帯
出現期	暖候期	寒候期
エネルギー源	水蒸気の潜熱	寒気と暖気の位置のエネルギー
等圧線の形	円形	前線のため非対称な楕円形
気圧傾度	中心付近で極めて大	比較してゆるやか
前線	なし	あり
眼	あり	なし
中心気圧	960hPa 以下になることもある	980hPa で大低気圧
暴風範囲	比較して狭い	前線に沿って広がり広い
進路	西進あるいはその後転向して北東進	東進する

　熱帯低気圧は、風速によって表6.2のように分類されている。また、発生地域によって、風力12以上になった熱帯低気圧を、次のような名称をつけて呼んでいる。

表6.2 熱帯低気圧の分類

総　称	日本での呼び名	国際的な呼び名と略号	域内の最大風速
熱帯低気圧 tropical cyclone	熱帯低気圧	tropical depression （TD）	風速 17.2m/s 未満 風力 7　（33kt）以下
	台風 17.2m/s 以上	tropical storm （TS）	風力 8 ～ 9 （34～47kt）
		severe tropical storm （STS）	風力 10～11 （48～63kt）
		Typhoon　（T） Hurricane Cyclone	風力 12 以上 （64 以上）

(1)　台風（Typhoon）

　経度 180°から西の北太平洋で発生する。風力 8 以上の暴風雨を持つ熱帯低気圧であり、年間の平均発生数は 27 個、風力 12 以上の Typhoon で、年間 18 個である。

(2)　ハリケーン（Hurricane）

　ハリケーン発生地は 2 カ所ある

　①　経度 180°から東の北太平洋で発生する。主としてメキシコの南方海域から西方沿岸に現れる。

　②　北大西洋のメキシコ湾、カリブ海に発生し、アメリカ合衆国やメキシコを襲う。

(3)　サイクロン（Cyclone）

　インド洋および南太平洋西部で発生するものを総称してサイクロンと呼ぶ。

　①　ベンガル湾、アラビア海で発生し、北西または北に進んでインドやミャンマーを襲う。

　②　南半球のインド洋、マダガスカル島寄りの洋上で発生し、アフリカやマダガスカル島を襲うもの。モーリシャスハリケーンということもある。

　③　オーストラリアの西方海上、チモル海付近で発生し、オーストラリアの西岸を襲う。これをウィリウィリといったこともある。

　④　南太平洋オーストラリア東方から西経 130°までの洋上に発生する。洋

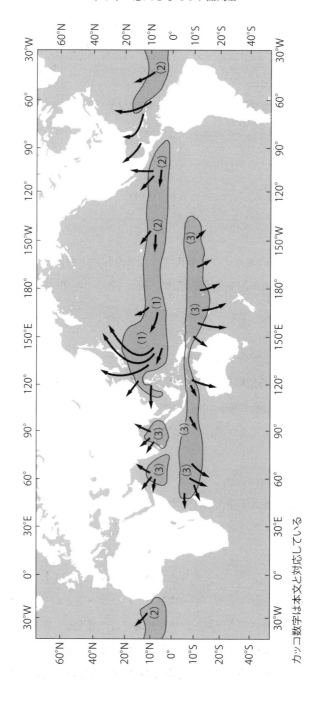

図6.4　世界の熱帯低気圧の発生場所と経路

カッコ数字は本文と対応している

上の諸諸島、オーストラリア、ニュージーランドを襲う。

注目：南北太平洋、インド洋、北大西洋に発生しているが、南大西洋では発生
しない。

6.2.1 熱帯低気圧の発生

熱帯低気圧は大体、それぞれの半球の夏に発生するものが多い。例外として、
ベンガル湾、アラビア海で発生するサイクロンは、7、8月を除いた4〜6月、
9〜12月に多い。

熱帯低気圧の発生要件は、一般的なものとして次のようなものがある。

① 北緯5度から南緯5度間の赤道付近では発生しない

② 陸上では全く発生しない

③ 海水温が26℃〜27℃以上の洋上で発生する

④ 大洋の西部で発生することが多く、規模も大きい

6.2.2 台風の構造

以後、日本に密接に関係する台風について、話を進めていくことにする。

(1) 規模

並の大きさを持つ台風では、その半径は300km〜500km、その高さは圏界
面15km〜17km程度（1.3 大気の仕組み参照）であるから、全体から見ると
薄く平たい空気の渦になっている。台風の強さや大きさを表すのに、台風の被
害に密接な関係のある「中心付近の最大風速」と「風速15m/s以上の半径」（こ
れを強風圏と呼ぶ）を用いる。また、暴風圏とは25m/s以上の風が吹いてい
る範囲をいう。

台風の強さの分類および台風の大きさの分類を、表6.3および表6.4に示す。

表6.3 台風の強さの分類

階 級	中心付近の最大風速	国際記号
強 い	33m/s（64ノット）以上〜44m/s（85ノット）未満	
非常に強い	44m/s（86ノット）以上〜54m/s（105ノット）未満	T
猛 烈	54m/s（105ノット）以上	

表6.4　台風の大きさの分類

階　　　　　級	風速15m/s（強風圏）以上の半径
大型（大きい）	500km以上～800km未満
超大型（非常に大きい）	800km以上

(2)　台風の気温と湿度

　台風の中心は、周囲よりも一段と暖かい空気で占められており、秋に日本に近づく台風でも、域内の気温は25℃～27℃にもなる。この暖かい空気が激しい上昇気流を生じることも、地上気圧が激しく下がる原因となっている。さらに、域内の湿度は100％に近く、この中心付近が暖められるエネルギーは、その膨大な量の水蒸気が放出する凝結の潜熱である。

(3)　台風の気圧

　台風は、ほぼ円形をした等圧線をもっているので、中心を軸として対象的な構造（同心円状）となっている。気圧傾度は、特に中心に近づくほど急激に大きくなっている。

　なお、次に述べる「眼」の中では気圧の変化はほとんどない。

(4)　台風の眼

　中心付近に、風の弱く雲の少ない部分があり、台風の眼と呼んでいる。眼の大きさは、平均的に直径が20km～50km程度で、この眼がはっきりしている状態は、勢力が強いと判断できる。眼の中は、緩やかな下降気流が生じており、断熱昇温により、周囲より気温が高くなっている。この部分をかこんで周囲には巨大な積乱雲の壁があり、ここでは中心に向かって吹き込んだ暖かく湿った空気が盛んに上昇しており、激しい雨と強い風が眼を取り巻いている。

(5)　台風の風

　台風の進行方向に対して右側（右半円）では、低気圧全体の移動方向と風の方向が一致するため、風速がより大きくなる。また、洋上の船にとって台風の右半円に位置している場合、台風の中心に向かって吹き寄せられることになるので、この右半円のことを危険半円と呼んでいる。一方、進行方向に対して左側（左半円）では、低気圧全体の移動方向と風の方向が逆となるので、比較し

て風速が小さくなり、同様に左半円に位置している船は、中止から離れる方向
に吹き流されることから、可航半円と呼んでいる。

> **トピック　風の風速を計算してみよう**
> 台風の最大風速Vを求める式として、次の式がよく用いられています。
> $V = 7 \times \sqrt{(1010 - P)}$　　　V：中心付近の最大風速　P：台風の中心気圧
> ここで、中心気圧が946hPaの台風の風速は、$\sqrt{1010 - 946} = \sqrt{64} = 8$
> $7 \times 8 = 56$m/s となります。台風の強さの分類の表を参考にすると、この台風
> は猛烈な台風になります。

(6)　台風の雲と雨域

台風の立体構造を模式的に示すと、図6.5の鉛直断面図のようになる。熱帯
低気圧の中心へ吹き込んで上昇した空気は、上空で周囲へ吹き出している。こ
れは中心から放射状に延びる巻雲として、顕著に現れるため、うねりの到達と
併せて台風の接近の前兆となっている。

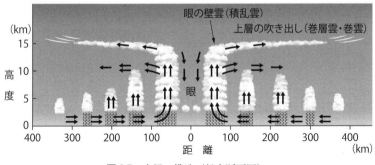

図6.5　台風の構造（鉛直断面図）

また、台風の水平構造は、図6.6に示すように、らせん状に中心をとりまく
降雨帯が特徴的なものである。上層雲は、台風の中心に切れ目のない円盤状に
なっているが、その中に積乱雲の発達した部分がらせん状に存在し、強い雨を
伴っている。これをレインバンドまたはスパイラルバンドと呼んでいる。これ
により降雨は強弱をくり返すことになり、圏内では一様とはなっていない。

降水量は洋上ではそれほど多くはなく、1時間に15mm程度で、降り始め
から通過後までの総雨量は100mm程度であるが、陸上では地形性降雨と前線

眼

眼の壁雲

レインバンド

図 6.6　台風域内の降雨帯（レインバンド）（平面図）

性降雨が合わさり、豪雨になることがあるので、注意が必要である。

(7)　台風の波高

　台風の波高分布は、一般に進行方向右斜め後方の象限に最大波高域があるといわれているので、洋上では中心が通り過ぎた後も注意が必要である。

　台風に伴う波浪で特に重要なのは、中心部の眼の内部では、異なった方向からの波が干渉して起こる三角波を生じていることである。

6.2.3　台風の発達と移動

(1)　台風の発達

　台風は巨大な空気のうずまきであって、水蒸気の潜熱をエネルギー源としているので、絶えず暖かく湿った空気が補給されなければ、勢力を維持できない。したがって、上陸して水蒸気の補給がなくなったり、寒冷な地表面へ到達したり、高い山脈で気流が乱されたりすると、勢力が衰えて温帯低気圧となり、やがて消滅する。台風の一生は、平均4日〜5日程度であるが、長いもので1週間、最長で2週間くらいである。

(2)　台風の一生

　①　発生期

　積雲やしゅう雨がさかんにおこり、これが次第に中心にまとまって低気圧性の渦となる。フィリピン東方海上のカロリン諸島の周辺で多く発生し、熱帯低

気圧から台風になるまでの期間をいう。

1）中心気圧：1,000hPa 以上で眼はまだ形成されない

2）最大風速：15m/s 以下

3）進路：偏東風に乗って西または西北西に進む

4）進行速度：一定しないが、10〜20km/h

② 発達期

15°N を越えると急に発達を始め、中心気圧がどんどん下がる。雲は中心付近にまとまり、らせん状の分布を示す。

1）中心気圧：960hPa 以下、中心に眼ができる

2）最大風速：25m/s 以上の暴風域を伴うようになる

3）進路：偏東風の中を北北西または北西に進む

4）進行速度：20〜30km/s

③ 最盛期

20°N を越えたあたりで、中心気圧の下降が止まり、台風の半径が増大する。この頃が台風の最盛期となる。

1）中心気圧：930hPa 前後

2）最大風速：45m/s 以上

3）進路・進行速度：次第に速度が鈍る。これは台風が進路を変える兆しである

台風が西寄りから東よりに向きを変える。これを転向といい、この場所を転向点という。転向点は平均的に 28°N 付近である。偏東風の中を西寄りに移動しながら北上してきた台風が、上空の気圧の谷に引きずられて向きを変え、偏西風の中に入っていく。

④ 衰弱期

暴風圏の大きさはあまり変わらないが台風の形が崩れはじめ、勢力も衰えてくる。日本に来る台風は大体この時期に相当する。

1）中心気圧：960hPa と上昇

2）最大風速：35m/s 前後

　　3）進路：北東進

　　4）進行速度：30km/s～50km/s と速くなる（偏西風の方が偏東風より
　　　　風が強い）

　北上につれて寒帯前線に接近して寒気団が進入してくるので、台風内に前線
ができるようになる。これを、台風の「温帯低気圧化」という。

トピック　台風の記録あれこれ
台風について、いろいろなデータを集めてみました。（統計期間は 1951 年～
2019 年）
１．台風の発生数は
　一番多い年は、1967 年（昭和 42 年）の 39 個、反対に一番少ない年は、
2010（平成 22 年）の 14 個です。ちなみに、平年数（1981 年～2010 年の 30
年平均）は 25.6 個になります。
２．日本に上陸した台風が一番多い年は
　2004 年（平成 16 年）の 10 個が最高です。反対に、全く上陸しなかった年
は 2008 年（平成 20 年）、2000 年（平成 12 年）、1986 年（昭和 61 年）、
1984 年（昭和 59 年）、の 4 回あります。
３．上陸時の中心気圧が低い台風は

	台風番号	気圧 (hPa)	上陸日時	場所
1 位	6118（第二室戸台風）	925	1961 年（S36 年）9/16　09 時	室戸岬の西
2 位	5915（伊勢湾台風）	929	1959 年（S34 年）9/26　18 時	潮岬の西
3 位	9313	930	1993 年（H5 年）9/3　16 時	薩摩半島南部

４．発生日時は

	台風番号	発生日時
一番早かった台風	1901	2019 年（H31）1/1　15 時
一番遅かった台風	0023	2000 年（H12）12/30　09 時

5．上陸日時は

	台風番号	上陸日時	場所
一番早かった台風	5603	1956 年（昭和 31 年）4/25　07 時半	大隅半島南部
一番遅かった台風	9026	1990 年（平成 2 年）11/30　14 時	和歌山県白浜町

　さて、台風番号の意味がわかりましたか？
前の二桁は年の下二桁、後ろの二桁はその年の発生順の番号になります。
　　　　　　　　　　　　　　　　　　　　　　　参考：気象庁統計による

(3) 台風の経路

　台風の発達と移動について述べたので、台風の経路をまとめておく。

　台風は1年中発生するが、寒候期の台風（1、2、3月）は、シベリア高気圧の影響を大きく受け、日本にはほとんど影響をおよぼさない。台風の発生数が多いのは夏であり、小笠原高気圧が支配的であり、台風は同高気圧の一般流に流され、その経路は同高気圧の消長に左右される。そこで、台風の経路の大原則として、「台風は小笠原高気圧を右に見て進む」ということができる。

　次に、移動経路を類別すると、以下のようになる（図6.7）。

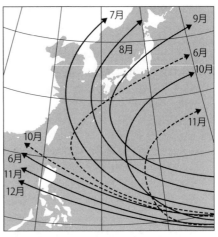

この経路はあくまでも平均的なものである。実際の台風では、このように滑らかではなく、またこの経路と全く異なった経路をとるものも多い。

図6.7　台風の月別平均的経路

　① 転向型

　小笠原高気圧を右に見ながら、その周辺に放物線を描くように進行するもので、6月〜10月頃にかけてよく見られる代表的な経路である。

　日本に上陸した顕著な台風はこの型が多く、季節的には8月、9月が多い。発生数、上陸数とも最も多い時期の台風がこれに相当する。小笠原高気圧が衰退する10月頃になると、転向した後日本の東方海上を北東進するようになる。

　② 西進型

　低緯度で発生して、そのまま西寄りの進路をとり続けるもので、寒候期に発生するものが多い。しかしながら、6月〜8月にかけて比較的高緯度で発生したものの中にも、この進路をとるものがある。

　③ 北上型

　真夏の季節に時々見られる型で、比較的高緯度で発生して、まっすぐ北上するものがある。この中には迷走台風といわれる、ループを描いたり、停滞・逆

行などの異常な進路をとるものもある。

> **トピック　台風の名前はどのように決められるの？**
> 日本の気象庁では、その年の1月1日から発生した台風を、番号をつけて呼んでいるため、台風21号といえば、この年に発生した21番目の台風ということがすぐにわかります。
> アジアの台風委員会（日本を含む12の国と2つの特別行政区が加盟）は、2000年よりこの台風に名称をつけることになり、加盟国等がそれぞれ10個の名前を提案し140個の名前が用意されました。
> 当初、日本は星座の名前、「テンビン」「ヤギ」「ウサギ」「カジキ」「カンムリ」「クジラ」「コグマ」「コンパス」「トカゲ」「ハト」の10個を提案しましたが、現在「テンビン」は「コイヌ」に、「ハト」は「ヤマネコ」に変更されています。これは、大きな災害をもたらした台風等の名称を、台風委員会加盟国から使用しないように依頼されて変更したものです。140個を順番につけていき、140個が全て終われば、また元に戻ることになります。年間の平均台風発生数が約27個ですから、5年に1度程度同じ名前がつけられることになります。12個に1個日本の名称が出てきますので、気をつけて見ているのも良いかもしれませんね。
> ちなみに、気象庁のHPにおける台風情報では、番号の横に片仮名で名前が記入してあります。

6.2.4　台風と船舶の運航

(1)　台風と風向の変化

　台風が接近する場合、図6.8に示すように、その進路の右側と左側で風向の変化の仕方がまったく逆になっている。進路の右側（右半円）では、風向が右まわり（時計回り）に変化する。これを風向が順転するという。反対に進路の左側（左半円）では、風向が左回り（反時計回り）に変化する。これを風向が逆転するという。

　航行中の船は台風の接近が予想されるときに、この風向の変化から、台風の接近する方向を推定することができる。

(2)　台風の避航法

　現在では、気象衛星からの情報などによって、早期にその接近が探知でき、その情報の精度が高いこともあり、突然台風の接近に遭遇するような状況も少なくなってきたが、従来から次のような法則が伝えられており、台風の特性を理解するためにも理解しておくべきである。

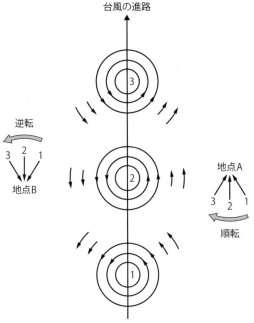

図6.8　風向の順転と逆転

この法則において、R は右（Right）、L は左（Left）を示す。

① R. R. R. の法則

　　台風の右（R）半円では

　　風を右舷（R）船首から受けて避航せよ

　　風が右転（R）するとともに進路も右転
する

　右半円で、より風が強い海域であるから、
進路を維持できる最低の速力で台風を行き過
ごす方法で、ちちゅう法（ヒーブツー）とい
われる。

　② L. R. L の法則

　　台風の左（L）半円では

　　風を右舷（R）船尾から受けて避航せよ

図6.9　台風の避航法

風は左転（L）するとともに進路も左転する

　左半円で、風速は右半円に比べて弱いために、風を後ろから受けて積極的に台風から遠ざかる方法で、順走法（スカッディング）といわれる。

> 注）風が比較的弱いといわれる左半円でも、後ろから風・波を受けて航行することは、船が突然横倒しになるブローチングや、船尾から大波を受けるプープダウン等を起こすこともあり、特に注意が必要である。

6.2.5　高　　潮

　台風によって引き起こされる現象の1つに高潮がある。これは、強風や気圧の低下といった気象上の原因で、湾や港の潮位が著しく高まる現象で、本来の潮汐の高潮時や、特に潮汐が大きい大潮の時などに、大きな被害をもたらすことになる。

　高潮が起こる原因は以下の通りである。

①　低い気圧による吸い上げ効果（1hPaの気圧の低下で1cm上昇）
②　強風による海水の吹き寄せ効果
③　暴風による大きな風浪やうねり
④　水深が浅く、奥が低地で、南に向かって開いた湾の地形

　高潮が起こりやすい場所は、伊勢湾・大阪湾・有明海・鹿児島湾・瀬戸内海であり、これからわかるように、太平洋側の潮汐の比較的大きい、南に開いた湾である。

　なお、日本海側では潮汐が小さく、開いた湾が少ないこともあり、高潮は発生しない。

　演習問題
　1．低気圧とはどのようなものをいうか。
　2．温帯低気圧の前線はどのように伸びているか。
　3．温帯低気圧と熱帯低気圧の違いを5つあげよ。
　4．熱帯低気圧が台風になるときの条件はなにか。
　5．台風の右半円が危険といわれる理由は何か。
　6．台風の避航法について説明せよ。

第 7 章

好天をもたらす高気圧

7.1 高気圧とは

　高気圧とは、周囲と比較して相対的に気圧の高い部分のことである。1013hPa でも周りにさらに気圧が低い場所が存在すれば高気圧になり、同様に気圧が高い場所があれば低気圧（第 6 章参照）となる。天気図上では、円形または楕円形の閉じた等圧線で囲まれていて、北半球では周囲の気圧の低いところへ、時計回りに風が吹き出している（南半球ではその逆で、反時計回りに風が吹き出している。）。それを補うために、中心付近では下降気流があり、雲が切れるために天気は良い。

> 高気圧のまとめ
> ①　高気圧は相対的に周囲よりも気圧の高い部分である。
> ②　内側ほど気圧が高くなっていて、気圧の一番高いところを「高気圧の中心」
> 　　といい、その中心の気圧を「中心示度」という。
> ③　中心から周囲に向かって風が時計回りに吹き出す（北半球）。
> ④　下降気流により雲が切れ、天気が良い。中心付近では気圧傾度が緩く（等圧
> 　　線の幅が広く）風が弱い。

7.2 高気圧の種類

(1)　成因による分類

　高気圧を形成する原因はいくつかあるが、成因によって分類すると、次のようになる。

①　温暖高気圧

　大気の環流により上空で空気が吹き集められると、上空で吹き集められた空気が下降気流を起こし、地上では下降してきた空気が吹き出すことになる。この下降気流により、空気は断熱昇温により暖められるので、域内は暖かい空気で占められるため、温暖高気圧と呼ばれる。地表から上空（10数キロの高さ）まで高気圧域となることから、背の高い高気圧とも呼ばれる。

　この高気圧は、上空で空気が吹き集まるという力学的な原因でできるもので、代表的なものとして亜熱帯高気圧があり、恒常的に存在している。

②　寒冷高気圧

　地表面が冷却されると、それに接している大気も冷却されて重くなり、地表面付近に堆積して高気圧を形成する。気温が低いことから、寒冷高気圧と呼ばれる。冷却は地表付近（2km〜3km）までで、その上は空気の沈殿により周囲より気圧が低くなり、低気圧や気圧の谷となっているため、背の低い高気圧と呼ばれている。

　この高気圧は、地表面が冷却されるという熱的な原因でできるもので、代表的なものとして、寒帯大陸高気圧がある。

③　移動性高気圧

　寒冷高気圧などから分離して、偏西風により流されて東進してくるものを、移動性高気圧という。大きさは、直径が1,000km程度であり、速度は40km〜50km/hと速いため、好天の持続性は弱く、通過後は低気圧が通過し、天気が悪くなることが多い。

④　地形性高気圧

　夜間陸地が冷却すると、冷たい空気が堆積して、小規模な高気圧ができることがあり、これを地形性高気圧という（4.5(1)海陸風参照）。日中は昇温により消滅することが多い。

(2)　日本付近の高気圧

　日本付近の高気圧は、それによってつくられる気団に対応しているため、天気の特徴は同様である。（5.1.3　日本に影響をおよぼす気団参照）

① シベリア高気圧

寒冷高気圧で、直径5,000kmにも達する大規模な高気圧である。冬季のシベリア大陸で発生した寒冷な大気がヒマラヤ山脈でせき止められ、強い勢力を持つようになったもので、中心示度は1,060hPaにも達する。この高気圧の強さには周期性があり、高気圧の張り出しが強い時には、西寄りの強い季節風が吹き、3日ほど寒い日が続く。この張り出しが弱まると4日ほど寒さが緩む。

> **トピック 三寒四温**
> シベリア高気圧の影響で、「寒い日が3日間、暖かい日が4日間続き、また寒くなる」というように、7日間の周期で寒い日と暖かい日がくり返されることをいい、冬季中国東北部や朝鮮半島などで、この現象が顕著なために使われたことわざです。
> 日本では、シベリア高気圧の他にも太平洋高気圧の影響も受けるので、はっきり三寒四温が現れることは、一冬に一回あるかないかという程度です。そこで、日本では2月の終わりから3月にかけての春先に、低気圧と高気圧が交互にやってきた時の気温の周期的な変化を指し、寒い冬が終わり、春に移り変わる時に使われています。

② オホーツク海高気圧

春や秋に、オホーツク海の低温水域上を中心に出現する寒冷高気圧である。梅雨前線や秋雨前線の発生に関係する。

③ 小笠原高気圧

北太平洋の緯度30°付近を中心に、北太平洋の西から東まで続く亜熱帯高気圧で、温暖高気圧である。日本近海では、特に小笠原高気圧と呼んでいる。中心示度は1,030hPa程度で、6月頃から北上し、オホーツク海高気圧との間に梅雨前線を発生し、その後梅雨前線を北に押し上げ夏の日本の天気を支配する。9月になると再びオホーツク海高気圧との間に秋雨前線をもたらし、その後南に下がる。

④ 移動性高気圧

シベリア高気圧と小笠原高気圧の勢力の中間地帯になっている春と秋、中国大陸で形成されて東進してくるものである。シベリア高気圧の縁辺から直接分離して移動してくるものと、揚子江気団を経て移動してくるものと2通りが考えられる。この移動性高気圧の中心部では良い天気だが、その後ろには気圧の

谷や温帯低気圧を伴っていることが多いために、天気は2、3日で崩れる。一般的に高気圧の東側は晴天域であるが、西側は雲が多く天気は良くない。

日本近海における移動性高気圧の経路は一般に次のとおりである。

① 　中国東北区から南東に進んで日本海を通り、北日本を通るもの。これは、北高型の天気をつくるので、北日本を除いて天気は悪い。

② 　華北から南に下がり、黄海付近から朝鮮半島を経て日本海に入り、本州を横切って東方海上に抜けるもので、この経路が最も多い。一部の地域を除いては、全国的に良い天気となる。

③ 　揚子江流域から東に進み、本州や南方海上へ張り出した後、当方海上に抜けるもの。南日本を中心に良い天気が広がる。しかし、北日本の一部では悪天になる場合がある。

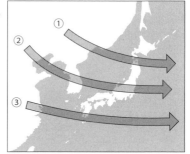

図7.1　高気圧の経路

トピック　高気圧なのに雨が降る？
「高気圧は下降気流のために、雲が発散して天気が良い。」と解説しましたが、高気圧に覆われていても、天気が悪いときがあります。それは、シベリア高気圧・オホーツク海高気圧に代表される、寒冷高気圧・「背の低い高気圧」の場合です。背の低い高気圧では、空気の温度が低いために、暖かい空気よりも密度が高くなり、下降気流が起こり（空気が下に沈んで）高気圧になりますが、その上空では空気が流れ込んでこないために、低気圧となり、上昇気流が発生していて、雲が発生する可能性があるのです。このことから、高気圧に覆われていても、上空で雲が発生し天気が悪い場合があるのです。それでは、オホーツク海高気圧に覆われると必ず天気が悪いかというとそういうわけでもなく、これが気象の難しいところです。

演習問題

1．高気圧の定義を説明せよ。

2．高気圧の天気はなぜ良いのか。

3．日本に影響をおよぼす高気圧には何があるか。

第8章

天気を読む　天気図と天気の予想

8.1　天気図の種類と天気図記号

⑴　天気図の種類

　天気図には多くの種類があり、さまざまな用途で使われている。このうち、船舶でよく利用されるものをはじめとして天気の予測に重要なものを分類すると次のようになる。

①　高度による分類

　天気図には、海抜 0 m における海面気圧を基準面として、等圧線で表す地上天気図と、特定の等圧面を基準面として、その気圧の高度を等高線として表す高層天気図（等圧面天気図）がある。我々が、通常使用している天気図は前者であり、等圧面天気図と呼ばれる高層天気図の特定の等圧面とその高度は、以下のようになっている。

　　850hPa（高度約 1,500m）

　　700hPa（高度約 3,000m）

　　500hPa（高度約 5,500m）

　　300hPa（高度約 9,000m）

②　時間的分類

天気図を時間的な面で分類すると、以下のようになる。

　　実況図または解析図（analysis chart；A）

　　　　：観測されたデータおよびそれを解析して得られる。

　　予想図（forecast chart；F）

　　　　　：24時間、48時間、72時間先の予想される天気図

　　時間平均図（climatic chart；C）

　　　　　：実況図を平均して得られる時間平均図

③　地域的な分類

我々が日本付近で使用する天気図を地域によって分類すると、以下のように
なる。

　　　　日本（Japan，JP）

　　　　アジア（Asia，AS）

　　　　極東（Far East，FE）

　　　　北太平洋（North Pacific，NP）

　　　　北半球（（North hemisphere，XN）

④　天気図の冒頭符

気象模写放送（FAX）天気図では、これらの略号を組み合わせた冒頭符を天
気図に付して、天気図の内容・種類地域を明確にしている。その構成は以下の
ようになっている。

　　　　TTAAii　　　　CCCC

　　　　YYGGgg　　　JAN　2012

TT：天気図の種類を表す。例えば、

	A 解析図	F 予想図
S（Surface：地表）	AS：地上解析図	FS：地上予想図
U（Upper：上空）	AU：高層解析図	AU：高層予想図
W（Wave：波）	AW：波浪解析図	AW：波浪予想図
X（その他）	AX：その他の解析図	AX：その他の予想図

AA：天気図の地域を表す。（③参照）

ii：2つ以上の同様な資料を区別する必要がある場合に用いる。

例えば、

高層天気図　　　850hPa：85、700hPa：70、500hPa：50、300hPa：30

予想天気図　　　24時間予想：02　48時間予想：04　72時間予想：07

CCCC：天気図の制作局名で、4文字の地名略語。しばしば、放送局の3文字呼出符号または独自の略字を使うことがある（日本は、JMH）。

　　例　ASAS JMH：アジア地上天気図（日本）

　　　　FSAS04：アジア地上48時間予想天気図

　　　　AUAS50：アジア500hPa高層天気図

YYGGgg　グリニッジ時による観測時刻、YY：日、GG：時、gg：分

　　例　051200UTC　5日12時00分　協定世界時

(2)　天気図記号

　天気図で使用される記号を大別すると、天気記号と天気図解析記号の2つがある。前者は、観測し報告されてきた気象要素を、各観測地点に記入するのに用いられ、後者はそれらを解析して得られた前線や高気圧、低気圧を表示するのに用いられる。

　天気図記号には、日本式と国際式があり、国内の新聞・テレビラジオ気象通報などは日本式が、無線模写放送天気図などでは国際式が用いられる。

　①　日本式天気記号

　観測場所は地点円で示され、この中に天気の種類が記入される（表8.1参照）。この地点円の周囲には風向と風力が記入されており、風向は16方位で風の吹いてくる方向を、風力は風力階級と同数の矢羽根で表示される（図8.1参照）。

表8.1　日本式天気図記号

記号	天気	記号	天気	記号	天気
○	快晴	●	雨	⊗	雪
◐	晴	●ｷ	霧雨	⊗ニ	にわか雪
◎	曇り	●ニ	にわか雨	⊗ツ	雪強し
⊙	霧	●ツ	雨強し	◓	みぞれ
∞	煙霧	◒	雷	△	あられ
Ｓ	風じん	◒ツ	雷強し		
⊕	地ふぶき				

　地点円の右肩に1/10位は四捨五入した上で、10位と1位の2桁の気圧の値を、また左肩には10位と1位の気温の値を記入する。

注）気圧の値で 996hPa を記入するときに 96 となり、1,096hPa と同じになるが、周囲の気圧を
　考えると、この間違いはないと考えてよい。

図 8.1　日本式天気図記号記入型式および記入例

② 　国際式天気図記号

　国際式の場合、地点円の中には全雲量が記入され、その周囲に各種の気象要素が記入される。記入の型式には、地上・海上・高層の区別がある。日本式記号と比べて、非常に多くのデータが記入されている。

　図 8.2 に地上を含めた海上の記入型式を示す。

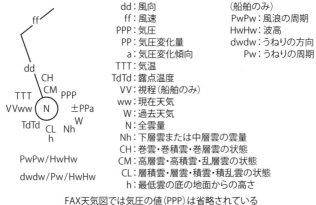

図 8.2　国際式天気図記号の記入型式（地上・海上）

1 ）風向・風速

　風向（dd）は 360° 方位を 10° 毎に分割した 36 方位で、風速（ff）はノットで表される。短い矢羽根は平均 5 ノット、長い矢羽根は平均 10 ノット、旗矢羽根は平均 50 ノットを示すので、これらを組み合わせることによって、5 ノット毎の風速を表すことができる（図 8.3）。

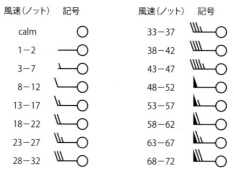

図 8.3 風速の記号

2）天気

現在天気（ww）を表すものとして、00〜99までの、100種類の記号がある。
（付録A図参照）そのうち主なものは、表8.2に示したようなものがある。（日本式天気図記号に対応するように示す。）

表 8.2 主な天気図記号

記号	天気	記号	天気	記号	天気
◐	晴れ（雲がない）	●	雨	＊	雪
＝	もや	❛	霧雨	△	あられ
≡	霧	▽	しゅう雨性降水	▲	ひょう
∞	煙霧	℞	雷電		
ϟ→	砂じん、あらし				
┼	地ふぶき				

過去天気（W）は、現在天気の記号の中の主なものを用いる。

3）雲量

全雲量（N）は0から10までで表すことになっているが（2.5.3 雲の観測参照）、これを0から8までに分類し直し、9：天空不明を付け加えた0から9までの数字に対応する記号で表す（表8.3）。

表8.3　雲量の記号

符字	0	1	2	3	4	5	6	7	8	9
雲量	0	1以下	2〜3	4	5	6	7〜8	9〜10で 隙間あり	10 隙間なし	天空 不明
記号	◯	◐	◕	◕	◑	◑	◕	◑	●	⊗

　国際式の場合、雲はCH（高層の雲）、CM（中層の雲）、CL（下層の雲）の3つの分類に分けて記入する。それぞれの分類の中で、10種雲形の代表的なものを、表8.4に示す。

表8.4　主な雲の記号

CH 型の雲	⌐ 巻　雲	2 巻層雲	2 巻積雲
CM 型の雲	∠ 高層雲	⌣ 高積雲	∠ 乱層雲
CL 型の雲	⌣ 層積雲	─ 層　雲	--- 積雲ー断片 層雲ー断片
	⌒ 積　雲	⍨ 雄大積雲	⍩ 積乱雲

4）気圧変化傾向

　3時間での気圧の変化を9種類のパターンに分類して、短い直線で示す（表8.5）。

表8.5　気圧の変化傾向の記号

記号	気圧の変化傾向	気圧の変化
／	上昇後下降	現在の気圧は3時間前と等しいかまたはそれより高い
／	上昇後一定または上昇後緩下降	現在の気圧は3時間前より高い
／	一定上昇または変動上昇	
✓	下降後上昇、一定後上昇または上昇後急上昇	
──	一定	現在の気圧は3時間前と等しい
＼	下降後上昇	現在の気圧は3時間前と等しいかまたはそれより低い
＼	下降後一定または下降後緩下降	現在の気圧は3時間前より低い
＼	一定下降または変動下降	
＼	上昇後下降、一定後下降または下降後急下降	

以上のほかにも気温（TTT）や露点温度（TdTd）のように数値で表される
もの、あるいは視程（VV）のように階級で表されるものがある。

これらの天気図記号を使用した記入例を図8.4に示す。

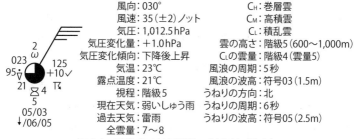

風向：030°　　　　　　　　　　C_H：巻層雲
風速：35（±2）ノット　　　　 C_M：高積雲
気圧：1,012.5hPa　　　　　　 C_L：積乱雲
気圧変化量：＋1.0hPa　　　　 雲の高さ：階級5（600〜1,000m）
気圧変化傾向：下降後上昇　　 C_Lの雲量：階級4（雲量5）
気温：23℃　　　　　　　　　 風浪の周期：5秒
露点温度：21℃　　　　　　　 風浪の波高：符号03（1.5m）
視程：階級5　　　　　　　　　うねりの方向：北
現在天気：弱いしゅう雨　　　 うねりの周期：6秒
過去天気：雷雨　　　　　　　 うねりの波高：符号05（2.5m）
全雲量：7〜8

図 8.4　国際式天気図記号の記入例（海上）

(3)　天気図解析記号

各地点で観測された気圧・気温その他の気象要素をもとに等圧線を描き、高
気圧・低気圧・前線の位置などを決めて、それらを表示するのが、天気図解析
記号（表 8.6-1、-2）である。

国際式天気図記号を用いた FAX 放送の地上天気図などでは、海上警報等も
記入されている（表 8.6-3）。

表 8.6-1　前線その他

前線等	記号	多色の場合
地上の温暖前線	▬●▬●▬●	赤の実線
上空の温暖前線	⌒⌒⌒	赤の破線
地上の寒冷前線	▲▲▲	青の実線
上空の寒冷前線	△△△	青の破線
地上の停滞前線	▲●▲●	青赤交互の実線
上空の停滞前線	▽△▽	青赤交互の破線
閉塞前線	▲●▲●	紫の実線
不安定線	-- ▬ -- ▬ --	黒の2点鎖線
気圧の谷の軸		黒の実線
気圧の尾根の軸	ＶＶＶＶＶ	黒の折れ線

表 8.6-2　高気圧、低気圧、台風等

名称	記号	名称	記号
高気圧	Hまたは高	中心位置	PSN
低気圧	Lまたは低	位置正確	GOOD
熱帯低気圧	TD	位置ほぼ正確	FAIR
台風	TS、STS、Tまたは台	位置不正確	POOR

表 8.6-3　警報

警報名	記号	英語名
海上風警報	[W]	Warning
海上濃霧警報	FOG [W]	Fog Warning
海上強風警報	[GW]	Gale Warning
海上暴風警報	[SW]	Storm Warning
海上台風警報	[TW]	Typhoon Warning

(4)　等圧線

　天気図には、上記記号のほか等圧線（地上天気図）、等高線・等温線（高層天気図）など各種の等値線が引かれている。

　等圧線の性質を把握しておくことは、FAX 天気図が受信できない場合などに、ラジオ気象通報を利用して天気図を作成する時には大変重要である。また、天気図を見て天気現象を判断する能力を養う上でも、自分で天気図を作成することが肝要である。

　等圧線は、2 hPa または 4 hPa 毎に実線で引かれるが、中間の値が必要な場合には、破線が用いられることがある。等圧線の性質や特徴をまとめると、以下のようになる（図 8.5）。

① 　1本の等圧線の一方で気圧が高ければ、その反対側では気圧が低くなっている。この関係は、その等圧線に沿って変わらない

② 　同じ等圧線の間に、他の等圧線が1本だけ通ることはない

③ 　等圧線は、交差したり、枝分かれしたりすることはない

④ 　等圧線は、必ず閉じるか図の端に達しており、途中で消えてしまうことはない

⑤　等圧線は、前線を横切る場合、気圧の低い側を内側に折れ曲がる

⑥　等圧線は、前線以外の場所ではなめらかな直線を描く

⑦　高気圧と高気圧、低気圧と低気圧が向かい合うときには、必ず同じ示度の等圧線が対抗する

⑧　低気圧の中心では、等圧線の間隔は狭く（気圧傾度が大きく）、高気圧の中心では等圧線の間隔は広い（気圧傾度が小さい）

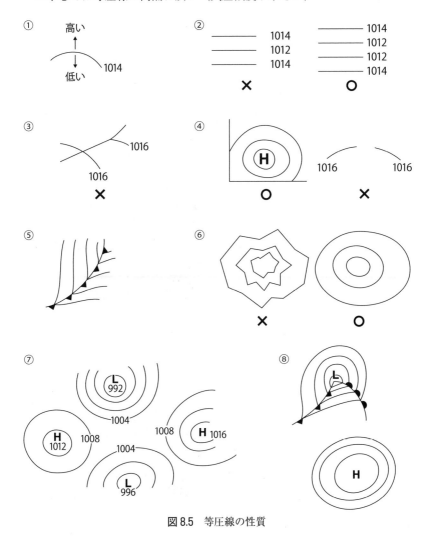

図 8.5　等圧線の性質

以上の特徴を考慮しながら、等圧線を引いていくわけだが、具体的な注意点として、

① データの多いところから引き始める

② データのないところは、周囲のデータを使用して補完する

③ 高気圧や低気圧には最低でも1本閉じた曲線が存在する

などがあげられる。

8.2　気圧配置型と天気の特徴

将来の天気を予想するには、まず高気圧・低気圧といった気圧系や、気団・前線等の動きを予想して、これに基づいて予想するのが基本的な手法である。熟練した気象予報官が、経験に基づいてこれを行っているが、最近ではコンピュータによってデータが処理されることも多くなっている。

また、静止気象衛星（GMS）からの雲の写真（図8.6）や、気象レーダーによる降水の分布（図8.7）、あるいは、全国で約1,300カ所に設置されているアメダス観測所（地域気象観測システム）からの各種データなど、予報に利用される資料も豊富である。短期間の予想の精度は、これら情報を使用して、高い精度が得られるが、ある程度長期間の予想となると、気圧パターンの予想が基本となる。

毎日の天気図をながめていると、季節によって同じような天気図が現れることが多く、それに伴う天気現象も類似で

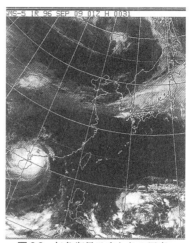

図8.6　気象衛星ひまわりの写真

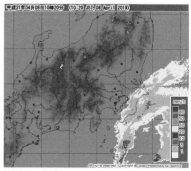

図8.7　気象レーダーによる降水の分布図

あることが多い。そこで、天気予報への利用を目的に、天気図の型を類別して、いくつかの典型的な気圧配置を理解することにより、天気予報に役立てることができる。

トピック アメダス（雨出す？）とは
　アメダスとは、AMeDAS（Automated Meteorological Data Acquisition System）の略、地域気象観測システムのことで、自動的に地域の気象データを収集するシステムのことをいいます。全国の約1,300地点に雨量観測計を置き、そのうち、約840地点では「気温」「風向風速」「日照」を合わせた四要素を観測し、豪雪地帯である約200地点では、積雪の深さも観測できます。観測で得られたデータは、ISDN回線を通じて気象庁内の地域気象観測センター（通称アメダスセンター）へ10分ごとに集信され、データの品質チェックの後、全国に配信されます。気象庁のHPで公開されているような地図・表形式の観測値として、広く一般で利用することができます。
　平成20年より、アメダスデータ等統合処理システム（新アメダス）の運用が開始され、気象官署等とアメダス観測所の気象観測データを一括して処理することができるようになり、両者が順次接続されています。観測内容は、最大瞬間風速の観測の開始、気温の観測は10分間ごとから10秒ごとの観測値を求めることができるようになっています。
　呼称の由来は、頭文字をとってAMDAS（エーエムディーエイエス）とするよりは、AMeDAS（雨出す）にした方が親しみやすいということで、アメダスが採用されました。
　なかなか、ウィットに富んだ名前ですね。

日本付近で見られる主な気圧配置型と、その概略の天気は以下のようになる。

① 西高東低型

　冬に現れる典型的な気圧配置であり、冬型とも呼ばれる。日本の西側の大陸にシベリア高気圧が張り出し、東方海上にはアリューシャン低気圧があるために、このような名称で呼ばれている。

　日本付近は南北に等圧線が走り、大きな気圧傾度と高気圧の吹き出しにより、強い北西の季節風（大西風）が吹く。この季節風は、日本海に筋状の雲の列をつくり風下側に発達した雲が、日本海側に多量の雪や雨をもたらす。日本列島の中央の山岳地帯を越えた季節風は、太平洋側に出ると乾燥して、晴天とからっ風をもたらす。この乾燥した季節風が太平洋側に出ると、再び下層から暖められて不安定となり、海上で雲や突風をもたらす。

② 　南岸低気圧型

冬から春にかけて現れる気圧配置で、日本の南岸を急速に発達した低気圧が北東進する。進行速度が速い（80km/sにおよぶことがある）こともその特徴であり、急激に天気が変化する。冬の太平洋岸に本格的な雨や雪をもたらす。

③ 　日本海低気圧型

冬の終わりから春にかけて現れる気圧配置で、日本海を発達した低気圧が通過する。低気圧の暖域では強い突風性の南風が吹き、気温が上がる。この日本海低気圧型の第1陣が例年2月下旬頃に現れるため、この南風の突風を「春一番」と呼んでいる。湿った南風が太平洋側に雨をもたらした後に、中央山脈を越えて日本海側に吹きおりるとき、フェーン現象（4.5(2)参照）を引き起こす。

④ 　二つ玉低気圧型

冬から春先に発達する低気圧で、日本を挟んで日本海と太平洋に低気圧が並んで東進する。全国的に悪天となり、通過後は西からの季節風が強くなることがある。

⑤ 　移動性高気圧型

春と秋によく見られる気圧配置で、大陸から日本全体を覆う程度の大きさの高気圧が移動してくる。高気圧の東側では天気は良いが、中心を過ぎると後に続く低気圧の影響で曇りから雨になる。この雨の周期は3～4日程度である。

⑥ 　帯状高気圧型

春・秋の高気圧が東西にいくつも並んで進む気圧配置で、本州各地は乾燥した好天が数日続く好天持続型である。

⑦ 　梅雨型

6月・7月の初夏に日本列島にオホーツク海高気圧と小笠原高気圧に挟まれて発生する梅雨前線が停滞するときの気圧配置型である。前線の北側300kmでしとしと雨が降り続く。この前線上に次々と低気圧が発生することもある。

⑧ 　南高北低型

夏の典型的な気圧配置であり、夏型ともいわれる。日本の南海上には小笠原高気圧があり、大陸の北方に低気圧が存在するので、このように呼ばれる。こ

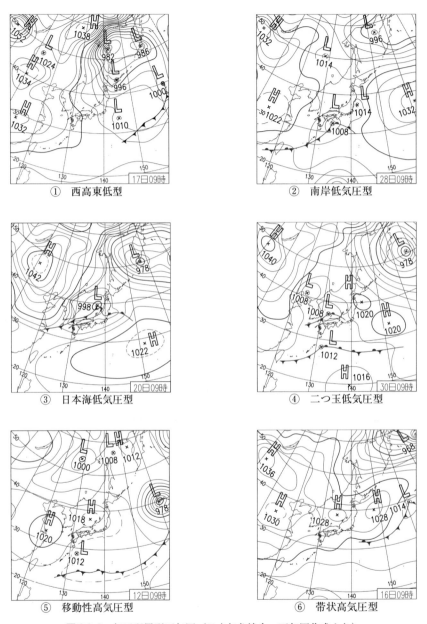

① 西高東低型　　② 南岸低気圧型

③ 日本海低気圧型　　④ 二つ玉低気圧型

⑤ 移動性高気圧型　　⑥ 帯状高気圧型

図 8.8-1　気圧配置型天気図（日本気象協会；天気図集成より）

⑦　梅雨型

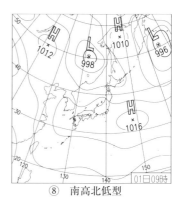

⑧　南高北低型

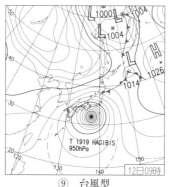

⑨　台風型

図 8.8-2　気圧配置型天気図（日本気象協会：天気図集成より）

の気圧配置になると、南からの湿った季節風が吹くことから、蒸し暑い晴天が
持続する。

⑨　台風型

　夏の終わりから秋にかけて、オホーツク海高気圧と小笠原高気圧により、日
本が気圧の谷になる時期に、台風が日本に接近するときの気圧配置型である（台
風の進路については 6.2.3 台風の発達と移動参照）。

> **トピック　特異日ってなんだろう**
> 　一年のうちで、ある天気が現れやすい日を「特異日」といいます。特異日で有
> 名なのは、11 月 3 日の「文化の日」で、晴れの特異日といわれています。この
> 日は「絶対晴れる日」と思ってしまうかもしれませんが、そうではありません。
> 特異日とは、「長年にわたって毎日の気象状態の平均をとったとき、特定の日に、
> ある気象状態が偶然とは考えられないほど大きな確率で出現し、かつその前後の
> 日にはそれほど大きくない出現確率のとき」と定義されます。

特異日はあくまでも統計や確率の話ということになり、気象庁は「気象学的には意味はなく正式なものという扱いはしていない」という見解です。

そのほかの特異日と呼ばれている日に、

　　"雨"の特異日：6月28日

　　"猛暑"の特異日：8月18日

　　"台風襲来"の特異日：9月17日、26日

などがあります。

毎年、この日に注意深く天気を観察するのも、面白いと思います。

8.3 天気の予想と予報・警報の利用

(1) 天気の予想

天気の予想は、単に地上の気圧配置を予測するだけでなく、高層の気圧・気温・湿度・風など、さまざまな資料を総合的に利用して行われる。これを正確に行うためには多量のデータが必要であり、日本では気象庁からホームページなどを利用して、リアルタイムにデータを取得することが可能になっている。また、気象庁をはじめとして、現在では民間の気象事業者からも、予報等がさまざまなメディアを通じて入手可能である。したがって、我々が天気の予想をするにあたっては、予想天気図をはじめとする各種の予報・警報などの重要な情報を確実に入手するように努めなければならない。

しかしながら、情報を得る手段が限られている船舶（沿岸から離れて航行する場合など）が、独自の予想を行わなければならない場合には、本船において観測した気象要素（第2章 気象をつくりだす要素参照）とその変化の状況を最大限に利用することが重要である。

(1) 船舶上での観測値の利用

① 空の状態の変化

雲の種類・量・動きなどに注目する。低気圧や前線には特徴的な雲の系統が存在するので、その変化を把握することは、天気変化の重要な手がかりとなる。

② 風の変化

風の順転や逆転は、台風の進路に関する重要な情報を与えてくれる。また、地域によっては、特定の風向と天気の変化とが密接に結びついていることが多

く、天気に関することわざ（観天望気）を利用することもできる。

　③　気圧の変化

低気圧の発生や接近、あるいは前線通過の判断などに利用できる。例えば、気圧がどんどん下がれば荒天が予想され、気圧がどんどん上がれば、天気の回復が予想できる。

　④　気温の変化

前線通過や気団の移動といった判断の参考になる。

　⑤　海面状態の変化

うねりの伝搬などは、熱帯低気圧の発生や接近を予測できる。

　⑥　視程の変化

気団の判別に役立つとともに、湿度や風の変化についての情報も得られる。

　このように、船で観測した気象要素を利用して、天気の予想を行うためには、正確な観測はもとより、観測の継続とその記録が重要であることはいうまでもない。

> **トピック　観天望気とは**
> 　天気の変化を予想するため、空の雲や風の様子を観測することで、ことわざのような伝承を含み、古来より船員などが経験的に体得して使ってきたものをいいます。
> 　公式な天気予報に代替できるものではありませんが、湿度や雲の構成などから、正確さが証明できるものも多くあります。
> 　例えば
> 「夕焼けは晴れの兆し、朝焼けは雨の兆し」
> 　　・・・地球上では多くの場所で、天気は西から東に変化することに起因します
> 「太陽や月に暈がかかると雨の兆し」
> 　　・・・温暖前線の接近に伴う巻層雲の発生により、天気が悪くなることを指します
> 「北東風は天気が悪い」
> 　　・・・温暖前線の東側は北東風が吹きますね

(2)　気象通報の種類

　①　気象無線模写通報

FAXによる気象通報で、船舶において一般に広く利用されている。気象庁

によるもの（JMH）は、天気図としては、地上天気図をはじめとして、地上予想天気図、高層天気図、高層予想天気図があり、海況図としては、外洋波浪図、沿岸波浪図、日本近海海流図が、スケジュール表に従って放送されている。

　また、共同通信（JJC）からは、日本気象協会による天気図および北太平洋波浪概況図、海上保安庁による北太平洋海況図などがある。

②　ラジオによる気象通報

日本付近では、NHK第2放送による気象通報が利用できる。

この通報は、1日1回。16時に12時の実況および解析が放送される。

放送内容は、①各地の天気、海洋ブイおよび船舶からの報告

　　　　　　②漁業気象（低気圧・高気圧の位置、示度、進行方向、前線、主な等圧線の位置）

　　　　　　③海上保安庁からのお知らせ

が、この順で放送されるので、このデータをラジオ用天気図記入用紙に記入した後作成する。

(3)　特別警報、警報と注意報

　気象庁では大雨や暴風などによって発生する災害の防止・軽減のため、気象警報・注意報などを発表している。対象となる現象や災害の内容によって、以下のように6種類の特別警報、7種類の警報、16種類の注意報がある。

表8.7　警報

種類	説　　明
特別警報	警報の発表基準をはるかに越える大雨等が予想され、重大な災害が発生するおそれが著しく高まっている場合に発表され、最大限の警戒を呼びかけるもので、数十年に一度起こるようなレベルの災害に対する警報。 大雨・洪水・大雪・暴風・暴風雪・波浪・高潮の7種類
警報	重大な災害が発生するおそれのあるときに警戒を呼びかけて行う予報 大雨・洪水・大雪・暴風・暴風雪・波浪・高潮の7種類
注意報	災害が発生するおそれのあるときに注意を呼びかけて行う予報 大雨・洪水・大雪・強風・風雪・波浪・高潮・雷・濃霧・乾燥・なだれ・着氷・着雪・融雪・霜・低温の16種類

　以上とは別に、気象庁では日本近海において次の表にあげる現象が発生すると予想される場合に、海上警報を発表している。

表8.8　海上警報

海上警報の種類	説　　　明	
海上台風警報	台風による風が最大風速64ノット以上	気象庁風力階級表の風力12に相当
海上暴風警報	最大風速48ノット以上	気象庁風力階級表の風力10以上に相当
海上強風警報	最大風速34ノット以上48ノット未満	気象庁風力階級表の風力8または9に相当
海上風警報	最大風速28ノット以上34ノット未満	気象庁風力階級表の風力7に相当
海上濃霧警報	水平視程0.3マイル以下（瀬戸内海は0.5マイル）	
その他の海上警報	風・霧以外の現象について、「海上（現象名）警報」として警報を行う 例：海上着氷警報、海上うねり警報など	

演習問題

　1．高層天気図の種類と、その高度について説明せよ。

　2．日本に影響をおよぼす気圧配置型で、「西高東低型」「南高北低型」について説明せよ。

　3．日本付近で発令される海上警報をあげよ。

第9章

日本を覆う海　海象とその観測

9.1　波　　浪

⑴　波の基本的性質

海面の波は、さまざまな大きさと形で現れるが、波を観測したり表現する場合には、次の波の要素が用いられる。

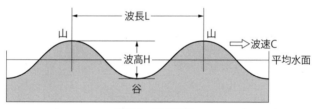

図9.1　波の要素

①　波長（L）

波の山から山または谷から谷間での水平距離

②　波高（H）

波の山から谷間での鉛直距離

③　波の周期（T）

ある点を波の山（または谷）が通過してから次の山（または谷）が通過するまでの時間

④　波速（C）

波の山または谷が進む速さ　　C = L/T の関係がある

⑤　波の向き（wave direction）

波の進んでくる方向

⑥　波のけわしさ（δ）

波長（L）と波高（H）の比をいう　　　δ = H/L　で表される

海面の波は、海水の運動が次々と伝わっていくもので、波の形が水平方向に移動していくように見える進行波は、海水が動いているのではなく、水の粒子がその場において回転していると考えられ、その回転は深い海で円運動、浅い海で楕円運動を描いている。

(2)　重力波

海面の波にはさまざまな大きさのもがあり、小さいものでは風の海面におよぼす力（摩擦力）が表面張力以上になったときに起こる表面張力波（さざ波）から、大きなものでは月や太陽の引力による起潮力で起こる潮汐波、地震によって引き起こされる津波といったものが存在する。このうち、表面張力波より大きく、重力を復元力とする波を重力波といい、風浪、うねり、船の起こす波がこれにあたる。

この波の進行速度は、水深（h）によって影響を受けることがわかっており、さらにその波長との関係から深海波と浅海波に分けることができる。

①　深海波

水深（h）が波長（L）の 1/2 より大きい場合（h/L ＞ 1/2）、水粒子はほぼ円軌道を描くようになり、このような波を深海波または表面波という。外洋では、大体深海波になる。この波の進行速度（C）は、次の式で表される。

$$C = \sqrt{gL/2\pi} \qquad C = L/T$$

ここで　g：重力加速度 9.8m/s^2　L：波長 m　T：波の周期 sec

　　　　π：円周率 3.14

g と π を代入すると、

$$C = 1.25\sqrt{L}\ \text{m/s}\quad となる。$$

両辺を2乗すると

$$C^2 = 1.56L$$

$$L = CT\ より\quad C = 1.56T\ \text{m/s}$$

この波は、波長の平方根または波の周期に比例した速度で進むことがわかり、

波長が長い（大きな）波は速く進み、波長が短い波は進みが遅い。

② 浅海波

水深（h）が波長（L）の1/25より小さい場合（h/L＜1/25）、水粒子の運動は海底の影響を強く受け、扁平な楕円軌道を描くようになり、このような波を浅海波と呼ぶ。この波の進行速度（C）は、次の式で表される。

$$C = \sqrt{gh}$$

　　ここで　g：重力加速度9.8m/s^2　h：水深 m

g を代入すると、

$$C = 3.13\sqrt{h} \text{ m/s}　となる。$$

この波は、波長に関係なく、水深のみに影響される。すなわち、水深が浅くなるほど波の速度は遅くなり、波が海岸に押し寄せてくるような場合に観測することができる。

水深が次第に浅くなる場合、前方の波は水深が浅いので遅く、後方から打ち寄せる波は速いことから、波形がくずれ、砕け波となって海岸へ打ち寄せることになる。

(3) 風浪

風の吹いている海上で、風によって直接起こされている波を風浪といい、発生域から離れていって規則的な波となったうねりと区別されている。風浪は、波高・波長・波の周期・波の向き等の異なったさまざまな波で構成され、複雑で不規則なところにその特徴がある。

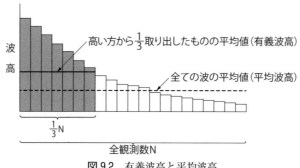

図9.2　有義波高と平均波高

　風浪の特性を表すには、統計的な取り扱いが必要となり、さまざまな表現法が用いられるが、中でも、最もよく用いられているのが、有義波という概念である。

　有義波とは、観測された波のうち、波高の高い方から全体の1/3までを取り出して、これらの波高と周期をそれぞれ平均したものである。このため、1/3最大波ということもある（図9.2）。

　もしも、波高の大きい方から全体の1/10を取り出して平均すれば、1/3平均波高より1/10平均波高は当然高くなる。このようにして、1/10最大波、1/100最大波、・・・・といったものも定義される。

　このほかに、全部の波高を平均した平均波高、最も頻繁に現れる波高といったものが用いられる。

　有義波高を1.0とした場合、これらの波の間には、おおよそ次のような関係がある。

　　　　最もひんぱんに起こる波高・・・・・・・・0.50

　　　　平均波高・・・・・・・・・・・・・・・0.63

　　　　有義波高・・・・・・・・・・・・・・・1.0

　　　　1/10最大波高・・・・・・・・・・・・1.27

　　　　1/100最大波高・・・・・・・・・・・1.61

　風浪が発達する場合、次の3つの要素が関係している。

　　　　風速

　　　　吹走距離：一定の風が吹き続ける海面の風上側の距離

　　　　吹続時間：一定の風速の風が吹き続ける時間

　この中のどれが欠けても波は十分に発達しない。例えば、いくら暴風が吹き出したとしても吹走時間が短いとか、あるいは風上側に山などの障害物があって吹走距離が短ければ波高の発達は不完全なものになる。そして、吹続時間、吹走距離が十分なとき、その風速に対してこれ以上大きな波にはなり得ない状態になる。この状態を、「十分に発達した風浪」という。

⑷　うねり

　風浪が発生域を離れて遠くまで伝わってきたり、風が急におさまった後に残っている波をうねりという。風浪と異なり、規則的でその形状はなめらかなのが特徴である。

　うねりは風浪よりも波長や周期が長いために、水深の浅い海岸の付近では海底の影響を受けて波が高くなりやすいという性質を持っている（浅水変形）ため、防波堤付近を航行する船舶は特に注意が必要である。

> **トピック　土用波とは**
> うねりの代表例で、夏の土用の時期（週末の土曜日の意味ではありません）に、数千km南方の台風周辺で発生した波が、日本の沿岸まで伝わってきたものです。土用波の波長が非常に長いため波速は非常に大きく（深海波の波速の計算式を参照）、時には時速50km以上に達することもあります。日本の南方にある台風が、小笠原高気圧に進路を阻まれて日本のはるか南の海上をゆっくり北上する場合、うねりが台風よりも数日早く沿岸に到達することもあり、台風接近の予兆として利用できます。

(5)　風浪とうねりの観測

　海上で気象観測をする場合、風浪とうねりを区別して観測するようになっている。船舶上で目視観測する場合には、次のような注意が必要である。

　①　波の向き

　風浪の場合、波の向きは風向とほとんど一致しているので、参考にしながら、船から離れた場所の波頂線に直角な方向を、コンパスを用いて読み取る。なお、風浪とうねりが重なって両者の判別がしにくい場合が多いので、注意を要する。

　②　波の周期

　船から離れたところの、水面の泡あるいは浮遊物を利用して、波の山が通過して次の波の山がくるまでの時間を、ストップウォッチを使用して測る。

　③　波高

　波が小さい場合には、できるだけ低い位置で、波がくる側の舷において、波の谷と山の距離を舷窓などの大きさを参考にして測る。大きな波は、波が大きい場合は、船が波の谷で垂直になっている時に、波の山を水平に見渡す場所を探せば、その場所の水面上の高さが波高と等しくなる。特に横揺れの激しい場合には、波高を過小・過大に観測することがあるので注意が必要である。

④　波浪図

　気象庁（JMH）から放送される波浪図には、外洋波浪図（図9.3）および沿岸波浪図がある。いずれの波浪図も、風浪とうねりの波高は有義波高で表されている。なお、等高線の波高 H は、風浪の波高（Hw）とうねりの波高（Hs）を次式のように合成したものを用いている。

$$H = \sqrt{Hw^2 + Hs^2}$$

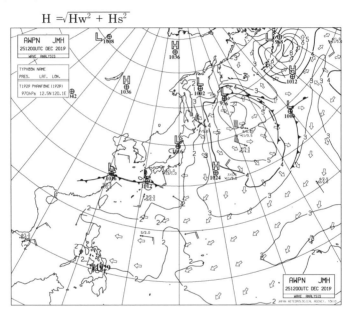

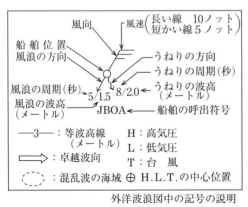

外洋波浪図中の記号の説明

図9.3　外洋波浪図（気象庁ホームページより）

9.2 潮汐と潮流

⑴ 潮汐の原因

　海面が、半日あるいは1日の周期で規則的に上下に変動する現象を、潮汐と呼んでいる。潮汐が起こるのは、月や太陽などの天体が、地球におよぼす引力（実際はほとんど月からの引力と考えても差し支えない）と、地球と月が共通重心の周りをまわるときの遠心力とを合成した力が、地球上の場所によって異なるためである。この力を起潮力と呼び、地球表面の海水を移動させる。

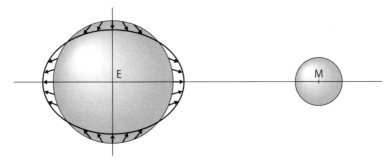

図9.4　起　潮　力

　地球の月に近い側では、引力の方が大きいために、また月と反対の側では遠心力の方が大きくなるために海水が集められ、潮位が上がる。これに対して、天体の方向と90°隔たった側では、遠心力と引力の合力により、海面が押し下げられ、潮位が下がる。このような海面の変化のもとに地球が自転しているので、基本的に1日2回ずつ高潮と低潮が地球上の各地点を通過していく。これは波長の極めて長い一種の波（潮汐波）であると考えられるが、地球上で実際に見られる潮汐は、不規則な海陸分布や水深などの影響のため、複雑に変化している。

⑵ 潮汐現象

　潮汐現象に関する用語は多くあるが、その中で主なものをあげると次のようになる。

表9.1　主な潮汐現象

高潮（満潮）	海面が最も高くなった状態
低潮（干潮）	海面が最も低くなった状態
上げ潮	海面が上昇しつつある状態
下げ潮	海面が下降しつつある状態
停潮	海面の昇降がほとんど無い状態（高・低潮時およびその前後）
潮位（潮高）	基本水準面から海面までの高さ
潮差	相次ぐ高潮と低潮の海面の高さ（潮位）の差
大潮	新月あるいは満月の頃に起こる潮差の大きい潮汐
大潮昇	大潮の時の高潮の潮高（この平均値を平均大潮昇という）
小潮	上弦の月あるいは下弦の月の頃に起こる潮差の小さい潮汐
小潮昇	小潮の時の高潮の潮高（この平均値を平均小潮昇という）
高潮間隔	月がその地の子午線を通過してから、その地が高潮となるまでの時間（この平均値を平均高潮間隔という）
低潮間隔	月がその地の子午線を通過してから、その地が低潮となるまでの時間（この平均値を平均低潮間隔という）
平均水面	ある一定期間の海面水位平均値（陸地の高さはここから測る）
最高水面	これ以上上がることのない最高高潮。海岸線の基準となる
基本水準面	これ以上下がることのない最低低潮面（最低水面）。海図に記載されている水深の基準面（潮高・水深の基準面となる）
日潮不等	通常1日2回ずつ現れる満潮または干潮の潮位が一致せず、著しく異なるような現象 日潮不等が極端になると、1日に1回しか満潮と干潮が現れなくなることがある

　各港湾における潮汐は、海上保安庁海洋情報部作成の「潮汐表」を用いて、求めることができる。潮汐表には標準港における高潮と低潮の潮高およびその時刻（潮時）が記載されている。標準港以外では、付近の標準港に対する改正値（潮時差と潮高比）を利用して、計算する。

(3)　潮流

　潮汐による海面の昇降は、水平方向に海水の移動を伴っており、これを潮流という。潮流は地形の影響を強く受け、場所によって流れが大きく異なる。潮

流は一般に、海が浅く潮差の大きい場所で強く、特に狭い瀬戸では激しいことが多い。また、海水が潮汐の干満に伴っていったり戻ったりして、周期的に水平運動をくり返す。流向は、流れ去る方向で表す。(風向と逆なので注意が必要)

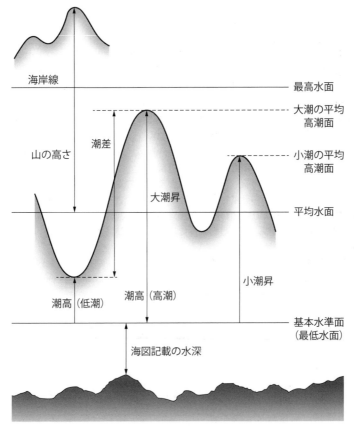

図 9.5 潮汐と基準面

潮流に関する用語は、以下のようなものがある。

上げ潮流	低潮から高潮の間の潮流で、一般に沖合から沿岸へ、湾口から湾へ、河口から上流へ流れる潮流
下げ潮流	高潮から低潮の間の潮流で、一般に沿岸から沖合へ、湾から湾口へ、上流から河口へ流れる潮流
憩流	潮流の向きが変わるとき、流れがゆるやかになるか止まった状態
転流	潮流の方向が変わること

なお、海峡や水道の潮流も前記「潮汐表」で知ることができる。潮汐表には、日本の潮流が速く狭い海峡や水道の標準点における最強流の流向、流速が記載されている。標準点以外では、付近の標準点に対する改正値（潮時差と流速比）を利用して計算する。

> **トピック　潮汐・潮流あれこれ**
> 　日本付近の干満差は、瀬戸内海で大きく、日本海側で小さくなっています。瀬戸内海の潮汐は、太平洋に生じた潮汐が紀伊水道と豊後水道の2カ所から出入りすることによって起こります。紀伊水道から入った潮浪は大阪湾に入り、明石海峡を通って備讃瀬戸に到達し、また、豊後水道から瀬戸内海に入った潮浪は2派に分かれ、一つは周防灘を西へ進み関門海峡に達し、もう一つは東へ進み備讃瀬戸に達し、紀伊水道から入った潮浪と出会います。
> 　このように、流れ込みやすく、吐き出しやすい地形なので、干満の差は大きくなり、広島で4.1 m、高松で4.0 mもあります。
> 一方、日本海は、宗谷海峡や対馬海峡などで潮浪の入り口が狭まっているので、潮汐力で海水が移動しづらくなるために、潮差は小さくなり、西部の境港で0.5 m、中部の新潟付近は0.3 mしかありません。また、場所によって干満差に差があるのは、海岸の形や水深などの条件によって潮浪が共振を起こすと、きわめて潮差が大きくなるためです。
> 　さて、潮流は潮汐によって起こる潮の流れですから、潮差が大きい瀬戸内海や関門海峡では、速い流れになります。関門海峡の早鞆の瀬戸で9ノット、来島海峡および鳴門海峡で10ノットもの潮流が流れることは有名です。

9.3　海　　流

⑴　海流とは

　海洋中をほぼ一定の方向に流れている流れを海流と呼んでいる。しかし、海洋中の流れは、海流自体が渦を伴っているので、流路は厳密にいえばかなり変動している。

　海流の原因から海流を分類すると、以下のようになる。

吹走流	風が主要な原因であり、風によって起こされる海流（風成海流ともいう）
密度流	海水の密度差によって流れを生ずる海流
傾斜流	海水の堆積によって、海面が傾斜することによる海流
補　流	上記の諸原因で海水が他の場所に運び去られたあとを補うために流れ込む海流

また、水温によって分類すると、以下のようになる。

暖 流	海流の水温と周囲の水温を比較すると相対的に海流の水温が高い
寒 流	海流の水温と周囲の水温を比較すると相対的に海流の水温が低い

(2) 海流の大循環

　大気の大環流（4.3 大気の環流と大規模な循環）と同じように、海水も海洋上を循環している。表面を流れる海流（表面海流）は、各海洋でそれぞれ独自の閉じた海流系を構成しており、個々の海流はその一部分またはそれから分かれる分流である。

　海流系のうち最も大規模なものは、亜熱帯高気圧の周辺を回るもので、亜熱帯循環と呼ばれている。北半球で考えると、恒常的な貿易風からエネルギーを供給された海水は、熱帯の海域を西に流れ続けた後（北赤道海流）、海洋の西岸（大陸の東岸）で南北に分かれる。大陸に沿って高緯度に向かうものは、西岸流と呼ばれるが、コリオリ力の緯度による変化などが原因となって、強い流れになる。これは、太平洋では「黒潮」大西洋では「メキシコ湾流」と呼ばれる代表的な海流であり、この現象を海流の西岸強化と呼んでいる。西岸流は次第に岸を離れ、大洋の中央を偏西風によって東に運ばれ（北太平洋（大西洋）海流）、やがて東岸に達した海流は、再び南北に分かれる。大陸に沿って低緯度に向かうものは、再び貿易風帯まで南下し、北半球で時計回りの1つの環流を形成することになる。

　このほかにも、亜熱帯循環の高緯度側には、反時計回り（北半球）の環流があって、亜寒帯循環と呼ばれており、また赤道付近には熱帯循環が存在する。

(3) 北太平洋の海流（図 9.6）

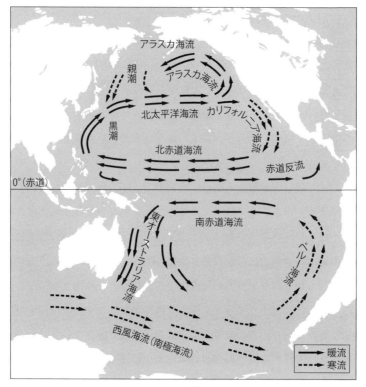

図 9.6　太平洋の海流

① 北赤道海流

北太平洋の貿易風で西に押し流される海流で、暖流で流速は0.3〜1.0ノット。
フィリピンに当たって南北に2分される。

② 黒潮

北太平洋海流が2分したあと、北上するもので、暖流で流速は3〜5ノット。
東シナ海を北上し、トカラ海峡から太平洋に入り、日本沿岸を北上した後、親
潮とぶつかって東に向きを変えて、北太平洋海流になる。

③ 親潮

オホーツク海、千島海峡、カムチャッカ半島付近の海氷が溶けて南下する海
流で、環流で流速は0.3〜0.5ノット。黒潮とぶつかって、下に沈み込むと同

時に、北太平洋海流となって東に進む。

> **トピック　黒潮と親潮**
> 「黒潮」日本近海を流れる代表的な海流です。貧栄養なためにプランクトンの生息数が少なく、透明度が高いことから、海色は青黒色となり、この名前の由来となっています。水温は夏には 30℃ 近く、冬でも 20℃ になることもあります。最大流速は 4 ノットと、世界でも有数の強海流です。
> 「親潮」その名の示すとおり、「魚類を育てる親となる潮」という意味で、非常に栄養塩に富み、豊かな水産資源をもたらします。春になると、日射量の増加などでプランクトンが大増殖し、海は緑や茶色がかった色になります。この冷たい海水が海上の湿った空気を冷やすことになり、夏には大規模な移流霧が発生します。

④　北太平洋海流

黒潮が東に向きを変えて、偏西風によって東に流れる海流。暖流であり、流れの幅は広く流速は小さい。アメリカ大陸にぶつかって、南北に分かれる。

⑤　アラスカ海流・カリフォルニア海流

アメリカ大陸東岸に達した北太平洋海流の一部は北上し、反時計回りのアラスカ海流となる。暖流で流速は 1 ノット以上。低温ではあるが、アラスカ湾では暖流の性質を示す。

一方、40°N 以南をアメリカ大陸に沿って南下する弱い流れがカリフォルニア海流である。寒流で流速は 0.5 ノット。南下して、北赤道海流につながり、北太平洋の時計回りの循環が完了する。

⑥　赤道反流

南北両赤道海流間（3°〜10°N）を東に流れる。暖流であり、流速は 1〜3 ノット。

⑦　その他日本付近の海流（図 9.7）

対馬海流：黒潮から分流して対馬海峡から日本海に流れ込み、津軽海峡を通って太平洋に抜ける海流。暖流で流速は 1 ノット程度。

リマン海流：間宮海峡付近からアジア大陸に沿って日本海を南下する。寒流で流速は 0.5 ノット。

他に、中国沿岸流（寒流）、東樺太海流がある。

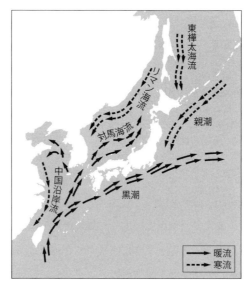

図 9.7　日本近海の海流

(4)　南太平洋の海流（図9.6）

①　南赤道海流

　南太平洋の貿易風によって西に押し流される海流。暖流で北赤道海流に比べて幅が広い。ニューギニア沖で南に流れを変える。

②　東オーストラリア海流

　南赤道海流に連なって、オーストラリアの沖合を南下する海流。暖流で流速は0.5〜3ノット。黒潮に対比できるが、勢力はそれほど大きくない。

③　西風海流（南極環流）

　南極の周りを強い偏西風によって東に流れる海流。寒流で流速は0.5ノット程度。南極大陸の周りを循環するが、一部は南米大陸にぶつかって北上する。

④　ペルー海流

　西風海流が南米大陸にぶつかって北上する海流で、フンボルト海流ともいう。寒流で流速は小さい。寒流としての性質が顕著で海上の大気を冷却し、南米西岸の天気に大きな影響をもたらす。これが、南赤道海流とつながり、南太平洋の環流を形成する。

⑸　北大西洋の海流（図9.8）

①　北赤道海流

北大西洋の北東貿易風によって西に押し流される海流。その西端ではアンティール海流となり、南赤道海流とともに北上し、フロリダを起源とするフロリダ海流と合流する。暖流で、フロリダ海流で流速3ノット。

②　メキシコ湾流

フロリダ海流とアンティール海流を源泉として、ハッテラス岬から大西洋中央部のアドレス諸島までにおよぶ海流。暖流で、黒潮よりも勢力が強く、流速は最強で5ノットにもなる。ニューファンドランド沖でラブラドル海流（寒流）と出会った後、東に向きを変える。

③　北大西洋海流

メキシコ湾流の先端からイギリス近海までを、偏西風に押されて東に流れる海流。暖流で、幅広く流速もゆっくりしている。一部はノルウェー海流としてさらに北上し、ヨーロッパの温暖な気候をもたらす。

④　カナリー海流

メキシコ湾流の逗留した分流がポルトガル沖で南下する海流。寒流で、流速は1ノット程度。西に屈曲して、北赤道海流と合流して、亜熱帯環流を構成する。また一部は、ギニア海流として、アフリカの沿岸を南下する。

⑤　北大西洋の亜寒帯環流を形成する海流

東グリーンランド海流：北極海を起源としてグリーランドの東岸を南下する寒流で春季に多量の流氷や氷山をもたらす。

ラブラドル海流：グリーンランドの西岸をニューファンドランド沖まで南下する寒流で、メキシコ湾流とぶつかって沈下する。日本付近の親潮に相当する。3～7月まで、大量の氷山が運ばれる。

⑹　南大西洋の海流（図9.8）

①　南赤道海流

南大西洋の南東貿易風によって西に押し流される海流。暖流で流速は1.0～1.5ノット。南米東岸（ブラジル）のサン・ロケ岬で二分され、片方は赤道を

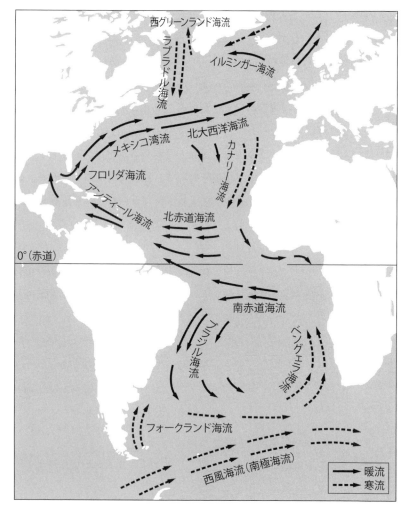

図9.8　大西洋の海流

越えてフロリダ海流につながり、他方は南下してブラジル海流となる。

②　ブラジル海流・フォークランド海流

　南アメリカ大陸の東岸を南下する海流。暖流で、流速は約0.6ノット。アルゼンチン沖で北上してくるフォークランド海流（寒流）と合流した後、東へ向きを変える。

③　西風海流（南極環流）

南極の周りを強い偏西風によって東に流れる海流（南太平洋と同じ海流と考えてよい）。寒流で流速は 0.5 ノット程度。南極大陸の周りを循環するが、一部はアフリカ大陸にぶつかって北上する。

④ ベングェラ海流

西風海流から分かれて、アフリカ大陸西岸を北上する海流（寒流）。南赤道海流と合流して、南大西洋の亜熱帯寒流を完成させる。寒流としての性質が顕著で海上の大気を冷却し、アフリカ西岸の天気に大きな影響をもたらす。これが、南赤道海流とつながり、南大西洋の環流を形成する。

(7) インド洋の海流（図 9.9）

① インド洋北部の海流

インド洋の北部では、貿易風より季節風がよく発達する。したがって、季節によって海流の流向が変わる季節風海流が存在する（4.4.1 季節風参照）。冬季には反時計周りの北東季節風海流が、夏季には時計回りの南西季節風海流が見られる。

南西季節風海流の強い場合、強い南赤道海流がアフリカ東岸にあたって北上するものはソマリー海流と呼ばれ、アデン湾の入り口に位置するソコトラ島（紅海への入り口）付近では世界でも有数の強い海流（4 ノット）となっている。

② インド洋南部の海流

インド洋南部では、南東貿易風による南赤道海流が卓越しており、アフリカ大陸に当たって、モザンビーク海峡を南下するモザンビーク海流（暖流）となり、さらに南下するとアグラス海流（暖流）となって、アフリカ大陸南端に達する。この海流は西風海流に合流して偏西風に運ばれた後、オーストラリア西岸を北上する西オーストラリア海流となり、南赤道海流につながることにより、インド洋の亜熱帯環流を形成する。

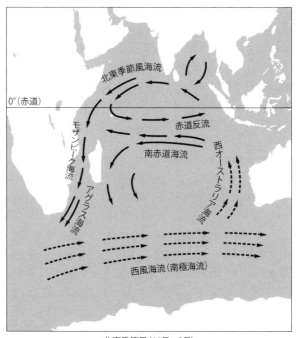

北東季節風(11月－3月)

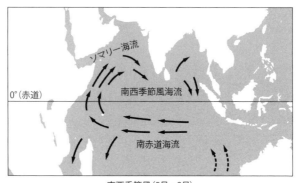

南西季節風(5月－9月)

図9.9　インド洋の海流

演習問題

1．有義波とは何か。

2．潮流の流向はどのように表すか。

3．日本付近を流れる海流について、「黒潮」「親潮」について説明せよ。

付　録

付録A　国際式天気図記号（現在天気）WW

00 前1時間内に雲の発達なし、または雲がない	01 前1時間内に雲減少中、または雲の増えかたが減ってきた	02 前1時間内に空模様全般に変化がない	03 前1時間内に雲発達中、または発達中	04 煙のため視程が悪くなっている
10 もや	11 観測所におけるちぎれちぎれの低い霧。陸上では目の高さ以下	12 観測所における多少連続した低い霧。陸上では目の高さ以下	13 電光は見えるが雷鳴は聞えない	14 視界内に降水があるが観測所の地面には達しない
20 前1時間内に霧雨（雨氷性でも、しゅう雨性でもない）、観測時にはない	21 前1時間内の雨（雨氷性でも、しゅう雨性でもない）、観測時にはない	22 前1時間内の雪（しゅう雨性でない）、観測時にはない	23 前1時間内のみぞれ（しゅう雨性でない）、観測時にはない	24 前1時間内の雨氷または雨氷性の霧雨（しゅう雨性でない）
30 弱または並の風じんが前1時間中に薄くなった	31 弱または並の風じんが前1時間中にあまり変化していない	32 弱または並の風じんが前1時間中に濃くなった	33 強風じんが前1時間中に薄くなった	34 強風じんが前1時間中にあまり変化していない
40 観測時における遠方の霧、前1時間に観測所にはない	41 霧が散在する	42 霧、空を透視できる。前1時間中に薄くなってきた	43 霧、空を透視できない。前1時間中に薄くなってきた	44 霧、空を透視できる。前1時間中にあまり変化していない
50 観測時における弱い断続性霧雨（雨氷性でない）	51 観測時における弱い連続性霧雨（雨氷性でない）	52 観測時における並の断続性霧雨（雨氷性でない）	53 観測時における並の連続性霧雨（雨氷性でない）	54 観測時における強い断続性霧雨（雨氷性でない）
60 観測時における弱い断続性の雨（雨氷性でない）	61 観測時における弱い連続性の雨（雨氷性でない）	62 観測時における並の断続性の雨（雨氷性でない）	63 観測時における並の連続性の雨（雨氷性でない）	64 観測時における強い断続性の雨（雨氷性でない）
70 観測時における弱い断続性の雪	71 観測時における弱い連続性の雪	72 観測時における並の断続性の雪	73 観測時における並の連続性の雪	74 観測時における強い断続性の雪
80 弱いしゅう雨	81 並または強のしゅう雨	82 烈しいしゅう雨	83 弱いしゅう雨性のみぞれ	84 並または強のしゅう雨性のみぞれ
90 並または強のしゅう雨性のひょう（雨またはみぞれを伴わなくてもよいが雷鳴はない）	91 観測時における弱い雨、前1時間内に雷電があったが観測時にはない	92 観測時における並または強い雨、前1時間内に雷電があったが観測時にはない	93 観測時における弱い雪かみぞれかひょう、前1時間内に雷電があったが観測時にはない	94 観測時における並または強い雪かみぞれかひょう、前1時間内に雷電があったが観測時にはない

No.	記号	説明
05	∞	煙霧
06	S	観測時に空中広くちりが浮遊している（風に巻き上げられたのではない）
07	$	観測時に風によって巻き上げられたちりや砂
08	⊗	前1時間内のよく発達したじん旋風
09	(S)	前1時間内または視界内の風じん
15	)•(	視界内に降水あり、地面に達しているが観測所からは遠い
16	(•)	視界内に降水あり、地面に達しているが近いが観測所にはない
17	(R)	雷鳴が聞えるが、観測所には降水がない
18	∨	前1時間内に、視界内にスコールがあった
19	)(	前1時間内に、視界内にたつまきがあった
25	∇•	前1時間内のしゅう雨、観測時にはない
26	✳∇	前1時間内のしゅう性雪またはしゅう雨性のみぞれ、観測時にはない
27	∇△	前1時間内のしゅう雨性のひょうまたはひょうと雨、観測時にはない
28	≡]	前1時間内の霧、観測時にはない
29	R]	前1時間内の雷電（降水を伴なくてもよい）、観測時にはない
35	⇒	強風じんが前1時間中に濃くなった
36	→	弱または並の地ふぶき、一般に低い
37	→	強地ふぶき、一般に低い
38	→	弱または並の地ふぶき、一般に高い
39	→	強地ふぶき、一般に高い
45	≡	霧、空を透視できない。前1時間中にあまり変化していない
46	¦≡	霧、空を透視できる。前1時間中に始まった、または濃くなってきた
47	¦≡	霧、空を透視できない。前1時間中に始まった、または濃くなってきた
48	⩗	霧、霧氷発生中、空を透視できる
49	⩗	霧、霧氷発生中、空を透視できない
55	⦂⦂	観測時における強い連続性霧雨（雨氷性でない）
56	∿	弱い雨氷性霧雨
57	∿	並または強い雨氷性霧雨
58	⦂•	弱い、霧雨と雨
59	⦂•	並または強い、霧雨と雨
65	⦂•	観測時における強い連続性の雨（雨氷性でない）
66	∿	弱い雨氷
67	∞	並または強の雨氷
68	●✳	弱い、みぞれまたは霧雨性みぞれ
69	✳●✳	並または強の、みぞれまたは霧雨性のみぞれ
75	✳✳✳	観測時における強い連続性の雪
76	←→	細氷（霧があってもなくてもよい）
77	△	霧雪（霧があってもなくてもよい）
78	✳	単独結晶のまま降ってくる雪（霧があってもなくてもよい）
79	△	凍雨（米国の定義ではみぞれ）
85	∇	弱いしゅう雪
86	∇	並または強のしゅう雪
87	∇	弱いしゅう雨性のあられ（雨またはみぞれを伴っても伴わなくてもよい）
88	∇	並または強のしゅう雨性のあられ（雨またはみぞれを伴わなくてもよい）
89	∇	弱いしゅう雨性のひょう（雨またはみぞれを伴っても伴わなくてもよいが雷鳴はない）
95	R	観測時における弱または並の雷電、雨か雪かみぞれを伴うがひょうはない
96	R	観測時における弱または並の雷電、ひょうを伴う
97	R	観測時における強雷電、雨か雪かみぞれを伴うがひょうはない
98	R	観測時における雷電、風じんを伴う
99	R	観測時における強雷電、ひょうを伴う

付録 B　高層天気図

　第 8 章で説明したように、高層天気図の基準面としては 850hPa、700hPa、500hPa、300hPa の等圧面が用いられる。図に記載される内容は高度によって多少異なるが、共通に使用される天気図記号は図 B-1 に示すとおり地上の記入型式よりも簡単なものとなっている。

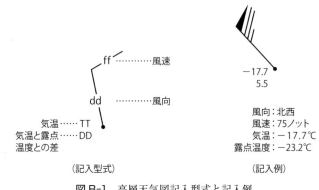

ff ……………風速

dd …………風向

気温……TT
気温と露点……DD
温度との差

－17.7
5.5

風向：北西
風速：75ノット
気温：－17.7℃
露点温度：－23.2℃

（記入型式）　　　　　　　　　　（記入例）

図 B-1　高層天気図記入型式と記入例

　記入内容は以下のようになっている。

風向・風速	地上と同様に矢羽根で表示
気温	数値で記入
気温と 露点温度の差	数値で記入（気温から引けば露点温度が求められる）
等高線	60m 毎の実線（300hPa のみ 120m 毎）
等温線	850hPa、700hPa、500hPa で 6℃ 毎の破線（必要に応じて 3℃ 毎）
等風速線	300hPa で 20 ノット毎の破線
その他	寒域（C）、暖域（W）、高気圧（H）、低気圧（L） 熱帯低気圧（TD）、台風（TS・STS・T）

　なお、図に見られるとおり、高層天気図で風は等高線とほとんど平行に、等高線の高いところを右に見て吹いており（北半球）では、等高線の間隔が狭いところ（気圧傾度の大きいところ）で風速が大きくなっている。

⑴　850hPa 等圧面天気図（図 B-2）

　この天気図は 850hPa の等圧面の高度分布および気温と湿度の分布（黒い点は気温と露点温度の差が 3 ℃以下の湿度が高い部分）を表すもので、地上 1,500m あたりの気象状態を示す。地上に近いので、地上天気図では判別しにくい前線の解析、気団の解析に使用したり、あるいは下層の風系の発散や収束を調べるのに用いられる。

⑵　700hPa 等圧面天気図（図 B-3）

　この天気図は 850hPa 天気図と同一の表示方法が用いられ、図の概観もよく似ている。地上 3,000m（日本の北アルプス山頂くらいの高さ）あたりの気象状態を示すもので、山の気象にもよく利用される。また、この高度は一般に中層の雲が形成される高さで、地上の降水を判断するのに使用される。さらに、地上低気圧の発生・発達の予想や、次の 500hPa 面天気図の補助として用いられる。

⑶　500hPa 等圧面天気図（図 B-4）

　地上 5,500m あたりの気象状態を示すもので、この高度では高気圧や低気圧の閉じた等高線は少なくなり、代わりに南北に波打つ帯状の流れ（偏西風波動）が見られる。また、この高度は標準気圧（1,013hPa）のおよそ半分になるところであり、対流圏の高さ（約 12km）の半分の高さである。したがって、500hPa は大気の平均構造を代表するところであり、最もよく使用される。

　上層寒気の強さを見たり、気圧の谷の移動や深まりから、地上の低気圧の発生や発達の予報に利用する。さらに、大気の水平循環を判断するのに重要で、台風や発達した低気圧を押し流す一般流を解析し、それぞれの移動方向や速度の予報に使用される。

⑷　300hPa 等圧面天気図（図 B-5）

　地上 9,000m あたりの気象状態を示す。この高度は対流圏の上部にあたり、ジェット気流と圏界面の解析に利用される。

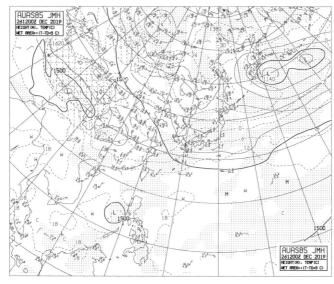

図 B-2　850hPa 等圧面天気図（気象庁ホームページより）

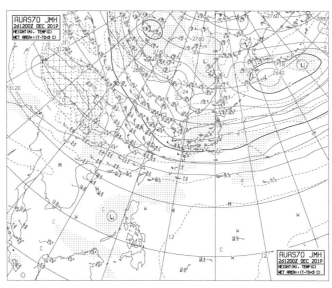

図 B-3　700hPa 等圧面天気図（気象庁ホームページより）

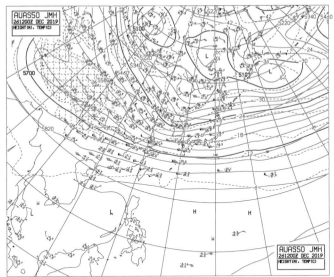

図 B-4　500hPa 等圧面天気図（気象庁ホームページより）

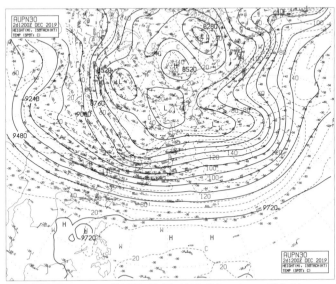

図 B-5　300hPa 等圧面天気図（気象庁ホームページより）

付録 C　航海に利用される気象情報図

　船舶の運航に利用される気象情報図は、本文および付録 B に示した図の他にも多くの種類があるが、ここではその中で重要と思われるものをいくつか選び、追録する。

⑴　台風予報図（WTFE　図 C-1、図 C-2）

　台風が発生した場合、3 時間毎の台風の実況と予報を、各時刻の正時約 50分後に発表する。台風が日本に近づいてきたときには、1 時間毎の実況を発表する。点線で示されているのは台風の中心の到達位置予報円で、これに入る確率は 70%、外側の実線は風速 25m/s 以上の暴風圏の予想範囲である。3 日間の予報と、5 日間の予報がある。

⑵　外洋波浪 24 時間予想図（FWPN　図 C-3）

　外洋波浪の実況図（解析図）は本文中（図 9.3）に示したが、予想図も放送されており、これを図 C-3 に示す。図の表示方法は実況図とほぼ同一であり、船舶の運航にとって極めて有用なものである。

⑶　沿岸波浪図（AWJP　図 C-4）

　日本近海および沿岸の詳細な波浪の状況を示す図であり、等波高線を有義波高 1 m 毎に実線で、0.5m 毎に破線で示している。また矢印はその地点の卓越波向を表し、横に示している数字は卓越周期である。左上には沿岸の詳細な波浪の状況を示す表があり、代表地点（A〜Z）における、卓越波向（16 方位）、卓越周期（sec）／有義波高（m）、風向（16 方位）、風速（ノット）が、また波浪計による観測点（3 桁の数字）における有義周期（sec）／有義波高（m）が表示されている。

⑷　北西太平洋海流図（SOPQ　図 C-5）

　北西太平洋の海流を 10 日毎に表示するもので、各観測点の流向・流速および各海流の流軸が示されている。

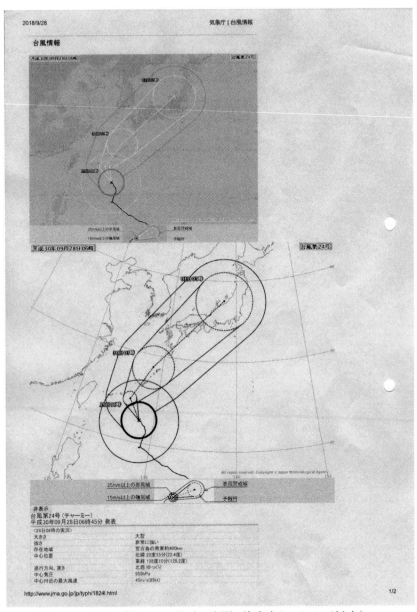

図C-1　台風予報図　3日間（72時間）（気象庁ホームページより）

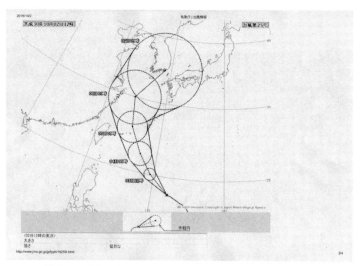

図C-2　台風予報図　5日間（気象庁ホームページより）

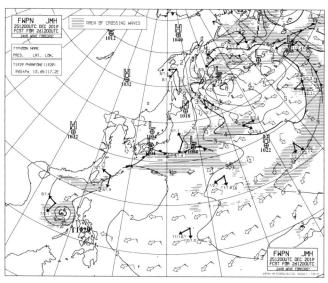

図C-3　外洋波浪図24時間予想図（気象庁ホームページより）

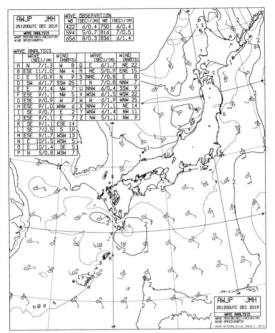

図 C-4　沿岸波浪図（気象庁ホームページより）

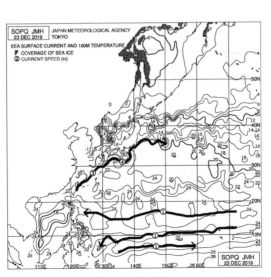

図 C-5　北西太平洋海流図（気象庁ホームページより）

付録 D　気象レーダー

　気象レーダーは、アンテナを回転させながら電波（マイクロ波）を発射し、半径数百 km の広範囲内に存在する雨や雪を観測するもので、発射した電波が戻ってくるまでの時間から雨や雲までの距離を測り、戻ってきた電波（レーダーエコー）の強さから、雨や雪の強さを観測することができる。

　日本の気象庁により、全国 20 カ所に気象レーダーが設置され、日本のほぼ全域をカバーしていて、リアルタイムな天気情報を取得することができる。

　気象庁のホームページを見ると、「降水短時間予報」や「降水ナウキャスト」などの情報を得ることができ、日本沿岸を航行中や港に停泊している船舶は、天気のリアルタイムの取得に有用である。

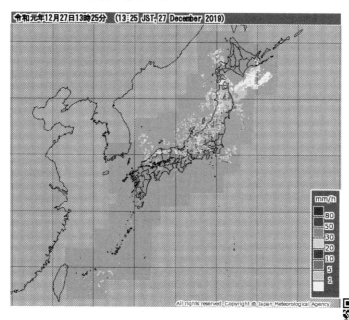

図 D-1　レーダナウキャスト画像（気象庁ホーページより）

参 考 文 献

福地章：海洋気象講座（成山堂書店）

福谷恒男：海洋気象の ABC（成山堂書店）

新百万人の天気教室：白木正規（成山堂書店）

和達清夫：気象の辞典（東京堂）

日本気象協会：船舶気象観測指針

日本気象協会：気象模写放送スケジュールと解説

福地章：よくわかる高層気象の知識（成山堂書店）

和達清夫：海洋の辞典

倉嶋厚監修、朝日新聞社編：お天気ごよみ（河出書房新社）

倉嶋厚：暮らしの気象学（草思社）

宮沢清治：日本の天気図　朝雨は女の腕まくり（井上書院）

萩原幹生：宇高連絡船紫雲丸はなぜ沈んだか（成山堂書店）

一般財団法人日本気象協会監修：天気の不思議がわかる（実業之日本社）

海難審判庁裁決録

気象庁ホームページ

JAXA ホームページ

著者略歴

堀 晶彦 ほり あきひこ
1981年東京商船大学卒業
航海訓練所練習船航海士
現在 海技教育機構教授
　　 海技大学校校長

基礎からわかる海洋気象　定価はカバーに表示してあります。

2020年2月8日　初版発行

著　者　堀　晶彦
発行者　小川　典子
印　刷　三和印刷株式会社
製　本　東京美術紙工協業組合

発行所 株式会社 成山堂書店
〒160-0012　東京都新宿区南元町4番51　成山堂ビル
TEL：03(3357)5861　FAX：03(3357)5867
URL　http://www.seizando.co.jp
落丁・乱丁本はお取り替えいたしますので，小社営業チーム宛にお送りください。

索　引